科学出版社“十四五”普通高等教育本科规划教材

微分方程数值解

(第二版)

主　编　房少梅　王　霞

副主编　金玲玉　邱　华　李　朗　危苏婷

科学出版社

北　京

内 容 简 介

本书共 9 章，内容涉及常微分方程初值问题的数值方法、偏微分方程(包括椭圆型方程、抛物型方程及双曲型方程)的有限差分方法、分数阶微分方程数值方法、谱方法和有限元方法. 全书内容全面，由浅入深，注重理论与数值实例相结合，着重培养学生掌握基本的数值格式，并能对模型问题进行数值模拟和对数值结果进行一定的分析，培养学生的动手能力. 另外，每章后增加了电子课件，书后增加了全书代码，读者可通过扫描二维码阅读或下载，方便自主学习.

本书可作为普通高等院校数学专业和理工科相关专业的本科生和研究生的教材，教师可根据不同层次所需的教学学时数选择相应的教学内容；同时也可作为科研工作者应用数学方法来解决实际问题的参考书.

图书在版编目(CIP)数据

微分方程数值解/房少梅，王霞主编. —2 版. —北京：科学出版社，2023.5
科学出版社“十四五”普通高等教育本科规划教材

ISBN 978-7-03-074528-6

Ⅰ. ①微… Ⅱ. ①房… ②王… Ⅲ. ①微分方程解法–数值计算–高等学校–教材 Ⅳ. ①O241.8

中国国家版本馆 CIP 数据核字(2023) 第 001872 号

责任编辑：姚莉丽 李 萍 / 责任校对：杨聪敏
责任印制：赵 博 / 封面设计：陈 敬

科 学 出 版 社 出版
北京东黄城根北街 16 号
邮政编码: 100717
http://www.sciencep.com

北京华宇信诺印刷有限公司印刷
科学出版社发行 各地新华书店经销

*

2016 年 5 月第 一 版 开本: 720×1000 1/16
2023 年 5 月第 二 版 印张: 12 1/4
2025 年 1 月第八次印刷 字数: 244 000

定价: 59.00 元

前　言

习近平总书记在党的二十大报告中提出“加强教材建设和管理”的要求, 编者始终坚持正确政治方向, 推进教材改革创新, 用心打造培根铸魂、启智增慧的符合时代要求的精品教材, 落实立德树人根本任务. 经过多年的建设, 微分方程数值解课程被评为广东省研究生示范课程, 并于 2016 年出版了对应教材. 历经多年教学实践的检验, 得到了众多高校和教师的高度认可, 也收到了许多读者和同行的有益反馈. 为适应课程变化和时代需求, 我们对教材进行再版, 在教材的编写过程中, 一方面, 作者充分吸取了相关意见和反馈; 另一方面, 既突出育人导向, 又遵循科学规律, 做到育人和育才相统一, 理论和实际相结合, 努力打造一流教材, 用一流教材支撑一流课程建设、一流专业建设、一流人才培养.

微分方程数值解作为解决实际问题的方法和工具, 是利用计算机研究并解决实际问题的数值近似解, 在科学计算、工程技术等领域有极其广泛的应用. 本版对第一版教材整个框架进行了变动, 由原来的三篇改为九章. 内容做了如下调整和修改:

(1) 原来的第 1 章和第 2 章合并为第 1 章常微分方程数值解;

(2) 去掉偏微分方程基本理论及概念, 把相关概念融合到了第 3 章抛物型方程的有限差分方法中, 和具体方程联系在一起讲解更直接, 应用性更强;

(3) 新增扩散方程, 根据实际方程给出不同的差分格式, 讨论它的收敛性和稳定性, 并给出多种判断稳定性的方法;

(4) 把分数阶微分方程数值方法内容提前, 与微分方程数值解方法成一系统.

另外, 每章后增加了电子课件, 书后增加了全书代码, 读者可通过扫描二维码阅读或下载, 方便自主学习.

本书得以再版, 首先要感谢科学出版社的大力支持及相关编辑为本版教材做的很多认真、细致的工作; 其次, 在编写过程中得到了国内同行专家的热情帮助和鼓励, 在此谨向他们表示衷心的感谢; 最后, 感谢华南农业大学本科生学院和数学与信息学院、软件学院领导的关心和支持.

限于编者水平, 书中难免有不妥之处, 敬请广大读者批评指正.

编　者

2023 年 4 月于广州

第一版前言

本书是为普通高等院校的研究生、大学生学习“微分方程数值解”这门课编写的教学参考书. 华南农业大学从 2005 年开始设置“微分方程数值解”这门课程, 选修该课程的学生来自理、工、农、林、经、文等多个不同学科, 这些学生的数学基础和计算机知识参差不齐, 面对这种实际问题, 我们在实际教学过程中一直在思考: 如何教才能满足各类学生学以致用的实际需求, 什么样的教材能有很好的实用性和很强的针对性, 从而能够进一步培养和提高学生应用数学解决实际问题的能力. 面对这些存在的实际问题和所教学生的具体情况, 我们从 2005 年开始尝试编写适用不同层次学生的“微分方程数值解”的讲义, 在校内使用. 在使用过程中历经多次修改, 逐步完善, 最终形成了这本书.

在本书编写过程中, 我们广泛地参考了国内外许多“微分方程数值解”的文献和专著, 吸取了国内外许多学者和专家研究的新成果, 结合自己的教学和科研的实际情况, 做到取长补短. 本书的内容比较全面, 基本涵盖了微分方程数值解常用的各种方法, 将数学理论、数值方法与应用有机地结合起来, 并以生动详细的实例为载体, 较为详细地介绍不同方法如何运用于不同的方程.

在教材具体内容的选取上, 我们做了精心设计, 以便于读者尽快熟悉微分方程数值解的基本理论, 并能结合实际算法, 使读者能在较短的时间里学会这些方法的基本概念以及求解方法, 尽快能用于解决实际问题. 本书分为三大篇: 第 1 篇为常微分方程数值解, 包含了两章内容, 分别介绍了常微分方程初值问题的理论基础和数值方法; 第 2 篇为偏微分方程数值解, 包含了六章内容, 分别介绍了常用的有限差分、谱方法和有限元方法; 第 3 篇为分数阶偏微分方程数值解, 包含了三章内容, 介绍了分数阶微积分的相关概念及算法、分数阶常微分方程和分数阶偏微分方程数值解解法.

本书由房少梅、王霞负责统编, 参加编写的老师有金玲玉、邱华、李朗、郭昌洪、官金兰、陈创泉、陈洁、文斌等.

本书之所以能够出版, 首先要感谢科学出版社的大力支持; 其次, 在编写过程中得到了国内同行专家的热情帮助和鼓励, 在此谨向他们表示衷心的感谢; 最后, 感谢华南农业大学研究生院、教务处和数学与信息学院领导一直以来的关心和支持. 另外, 我们还要特别感谢的是, 本书在出版过程中得到了广东省研究生教育创新计划项目 (项目号: 2013SFKC03) 以及国家自然科学基金 (11271141, 11426069)

的资助.

本书可以作为研究生、本科生的“微分方程数值解”课程的教材, 根据不同层次所需的教学学时数选择相应的教学内容; 同时也可以作为科研工作者应用数学方法来解决实际问题的参考书.

由于编者水平有限, 希望读者对本书的不妥和疏漏之处提出批评指正, 以便不断修改完善.

编　者

2015 年 10 月于广州

目　　录

第 1 章 常微分方程数值解

自然界中很多事物的运动规律都可以用微分方程来刻画, 常微分方程是研究自然科学、社会科学中事物和物体运动、演化与变化规律最基本的数学理论和方法; 物理、化学、生物、工程、航空航天、医学、经济和金融领域中的许多原理和规律都可用适当的常微分方程来描述, 常微分方程的理论及其方法为研究其他学科的理论和应用提供了行之有效的方法.

常微分方程解析解的研究是一项基本且重要的工作, 由于问题比较复杂且涉及面广, 大多数问题的解析解很难求出, 有时即使能求出解析解的形式, 也往往因计算量太大而不实用, 所以, 用求解析解的方法来计算常微分方程往往是不适宜的. 因此, 研究常微分方程的数值解法具有重要的理论和实践意义.

瑞士数学家 Euler (欧拉) 最早提出 Euler 折线法, 它开创了微分方程初值问题的数值解法的开端. 1895 年, 德国数学家 C. D. T. Runge (龙格) 提出了求常微分方程近似解的 Runge-Kutta (龙格-库塔) 方法的思想. 现在, 随着计算机技术的迅速发展, 微分方程数值解也得以发展.

在本章, 我们主要介绍 Euler 方法、梯形方法、Runge-Kutta 方法及线性多步法的数值理论和数值模拟.

1.1 常微分方程初值问题的理论基础

常微分方程是描述物理模型的重要工具之一, 本章将系统介绍常微分方程初值问题的数值方法. 考虑初值问题

$$\begin{cases} y' = f(t,y), \quad t_0 \leqslant t \leqslant T, \\ y(t_0) = y_0, \end{cases} \tag{1.1.1}$$

其中 $f(t,y)$ 是已知函数. 常微分方程初值问题 (1.1.1) 是常微分方程理论研究的基础, 研究此问题有助于进一步探究高阶方程、微分方程组等形式更加复杂的常微分方程 (组). 本章主要通过初值问题 (1.1.1) 对微分方程数值解法进行介绍. 在给出数值解法之前, 先简单回顾常微分方程初值问题的基础理论, 即常微分方程初值问题解的存在唯一性定理.

定理 1.1.1　设 $f(t,y)$ 在区域 $D=\{(t,y)|t_0\leqslant t\leqslant T,-\infty<y<\infty\}$ 上有定义且连续, 同时满足如下 Lipschitz (利普希茨) 条件

$$|f(t,y)-f(t,y^*)|\leqslant L|y-y^*|,\quad (t,y)\in D,\quad (t,y^*)\in D, \tag{1.1.2}$$

其中 L 为 Lipschitz 常数, 则初值问题的解存在且唯一, 并且解 $y(t)$ 连续可微.

下面讨论常微分方程的适定性. 即当初值问题 (1.1.1) 存在小扰动时解的稳定性. 考虑扰动问题

$$\begin{cases} v'=f(t,y)+\delta(t), & t_0\leqslant t\leqslant T, \\ v(t_0)=y_0+\varepsilon_0, \end{cases} \tag{1.1.3}$$

其中 $\delta(t)$ 和 ε_0 都是很小的扰动.

定义 1.1.1　如果存在常数 C,ε, 使得当 $|\varepsilon_0|<\varepsilon, t_0\leqslant t\leqslant T, |\varepsilon_0|<\infty, |\delta(t)|<\varepsilon$ 时, 扰动问题 (1.1.3) 的解 $v(t)$ 满足

$$|y(t)-v(t)|\leqslant C\varepsilon,$$

则称初值问题 (1.1.1) 关于初始条件是适定的.

定理 1.1.2　如果 $f(t,y)$ 在 (t,y) 平面区域 D 中的任一有界闭区域 D_1 上连续且关于 y 满足 Lipschitz 条件, 则初值问题 (1.1.1) 关于任何初值条件都是适定的.

注　定理 1.1.2 表明, 当 $f(t,y)$ 满足定理条件时, 初值问题和初值的扰动对其解的影响是有限的. 即在实际应用中, 建立微分方程数学模型、测定初值及计算时, 即使存在一些小的扰动, 也不会对解产生太大的影响.

有了这些理论基础之后, 接下来我们将系统地介绍常微分方程初值问题的数值解法. 所谓常微分方程初值问题 (1.1.1) 的数值解法就是将微分方程的连续问题进行离散化 (包括空间离散化和微分算子的离散化), 进而转换成差分方程进行求解的过程. 即由初始点 t_0 开始, 取一系列离散的点

$$t_0<t_1<t_2<\cdots<t_n<\cdots$$

进行空间离散化, 然后在每个离散点上进行微分算子的离散化并得到初值问题 (1.1.1) 的相应近似值 $y_1,y_2,\cdots,y_n,\cdots$, 建立求 $y(t_n)$ 的近似值 y_n 的递推公式, 进而求得问题 (1.1.1) 的解在各离散节点上的近似值 $y_1,y_2,\cdots,y_n,\cdots$. 一般来说, 称相邻两节点 t_n, t_{n+1} 之间的间距 $h_{n+1}=t_{n+1}-t_n$ 为步长. 当 h_{n+1} 可变化时, 称为变步长; 当 h_{n+1} 为常数时, 称为定步长, 记为 h. 函数 $y(t_n)$ 和 y_n 分别表示初值问题 (1.1.1) 的精确解和数值解.

1.2 Euler 方法

1.2.1 显式 Euler 方法

Euler 方法是求解常微分方程初值问题最简单的一种数值方法. 下面以初值问题 (1.1.1) 为例, 简单介绍 Euler 方法的基本思想.

首先将区间 $[t_0, T]$ 进行 N 等分, 每个小区间的长度为 $h = (T - t_0)/N$, 点列 $t_n = t_0 + nh(n = 0, 1, \cdots, N)$ 称为节点. 由于初值 $y(t_0) = y_0$ 是已知的, 因此可以算出 $y(t)$ 的导数在初始时刻 t_0 的值 $y'(t_0) = f(t_0, y(t_0)) = f(t_0, y_0)$. 设 $t_1 = t_0 + h$, 当 h 充分小 (即 N 充分大) 时, 则近似地有

$$\frac{y(t_1) - y(t_0)}{h} \approx y'(t_0) = f(t_0, y_0),$$

从而可取

$$y_1 = y_0 + hf(t_0, y_0)$$

作为 $y(t_1)$ 的近似值. 类似地, 利用 y_1 的值和 $f(t_1, y_1)$ 可以计算出 $y(t_2) = y(t_0 + 2h)$ 的近似值

$$y_2 = y_1 + hf(t_1, y_1).$$

以此递推, 可算出在任意节点 $t_{n+1} = t_0 + (n+1)h$ 处 $y(t_{n+1})$ 的近似值, 其表达式为

$$y_{n+1} = y_n + hf(t_n, y_n). \tag{1.2.1}$$

这就是 Euler 方法的计算公式.

Euler 公式有明显的几何意义: 实际上, 如图 1.1 所示, 就是用过点 (t_0, y_0) 的一条折线来近似代替问题 (1.1.1) 过 (t_0, y_0) 的解曲线. 从几何角度来看, 当 h 越小时, 此折线越逼近解曲线, 因此 Euler 方法又称折线法.

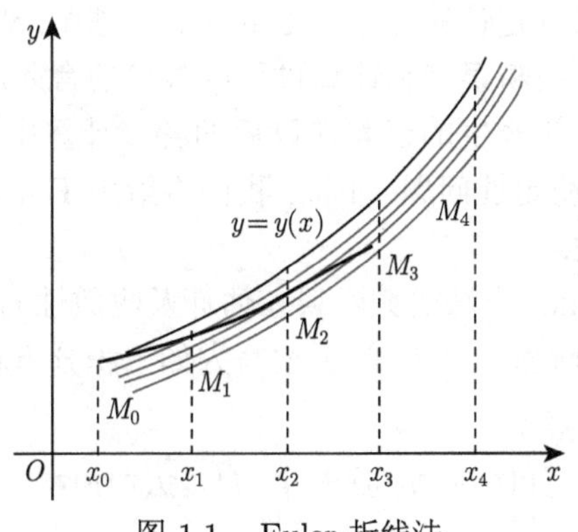

图 1.1 Euler 折线法

1.2.2 隐式 Euler 方法

将 $y(t_k)$ 在 $t=t_{k+1}$ 进行 Taylor (泰勒) 展开得

$$y(t_k)=y(t_{k+1})-h_kf(t_{k+1},y(t_{k+1}))+\frac{y''(\eta_k)}{2!}h_k^2,\quad \eta_k\in(t_k,t_{k+1}).$$

如果忽略 h_k^2, 分别用 $y_k,y_{k+1},f_{k+1}=f(t_{k+1},y_{k+1})$ 近似 $y(t_k),y(t_{k+1}),f(t_{k+1},y(t_{k+1}))$ 可得隐式 Euler 方法

$$y_{k+1}=y_k+h_kf(x_{k+1},y_{k+1}),\quad k=0,1,\cdots,n-1. \tag{1.2.2}$$

例　分别利用显式 Euler 方法和隐式 Euler 方法求解初值问题

$$\frac{\mathrm{d}y}{\mathrm{d}x}=8x-3y-7,\quad y(0)=1.$$

解　由式 (1.2.1) 可知该初值问题的显式 Euler 公式为

$$y_{n+1}=y_n+h(8x_n-3y_n-7).$$

由式 (1.2.2) 可知该初值问题的隐式 Euler 公式为

$$y_{n+1}=y_n+h(8x_{n+1}-3y_{n+1}-7).$$

下面是通过 Matlab 给出的显式 Euler 方法和隐式 Euler 方法的数值解和精确解图 (图 1.2、图 1.3).

接下来, 我们将具体分析 Euler 方法提供的数值解是否有效. 首先, 我们应该知道, 当步长充分小时, 所得的数值解 y_n 能否准确地逼近初值问题的精确解 $y(x_n)$, 即收敛性问题. 其次, 还要估计数值解与精确解之间的误差, 以便于在实际应用中根据精确度要求确定计算方案. 在 Euler 方法中, 误差可以分为以下两种: 近似代替过程中产生的截断误差和计算过程中数值的舍入产生的误差——舍入误差. 只有在计算过程最初产生的误差在以后的各步计算中不会无限扩大, 方法才具有使用价值, 这称为稳定性问题. 下面, 我们将给出 Euler 方法的收敛性、截断误差估计及稳定性问题.

首先, 我们讨论 Euler 方法的截断误差估计及收敛性问题. 为了分析 Euler 方法误差来源, 可将初值问题 (1.1.1) 等价改写为如下积分方程

$$y(t)=y(t_0)+\int_{t_0}^{t}f(\tau,y(\tau))\mathrm{d}\tau.$$

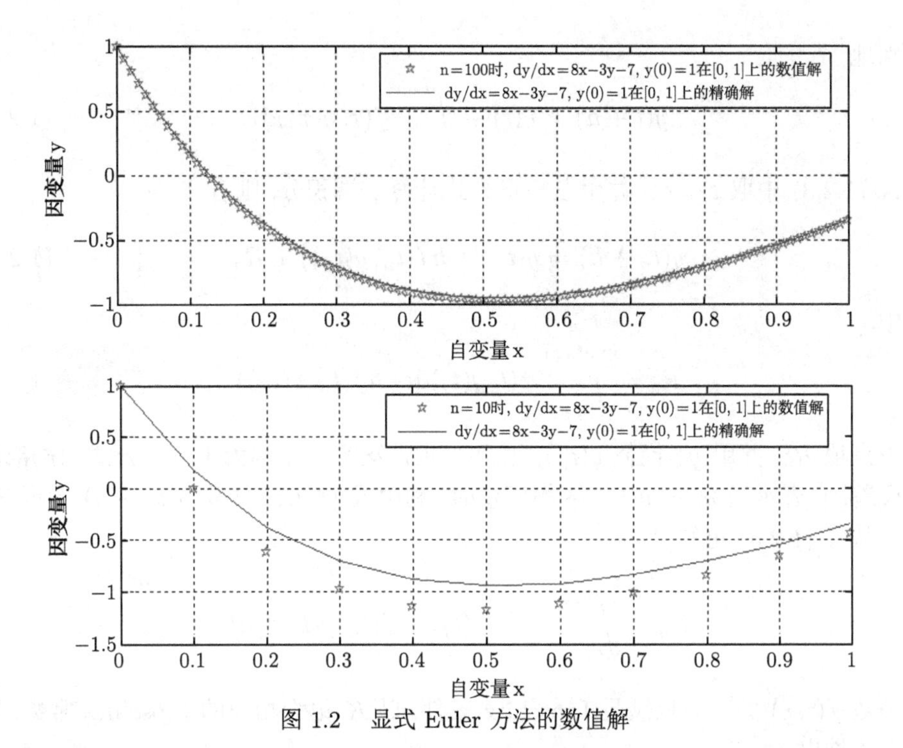

图 1.2 显式 Euler 方法的数值解

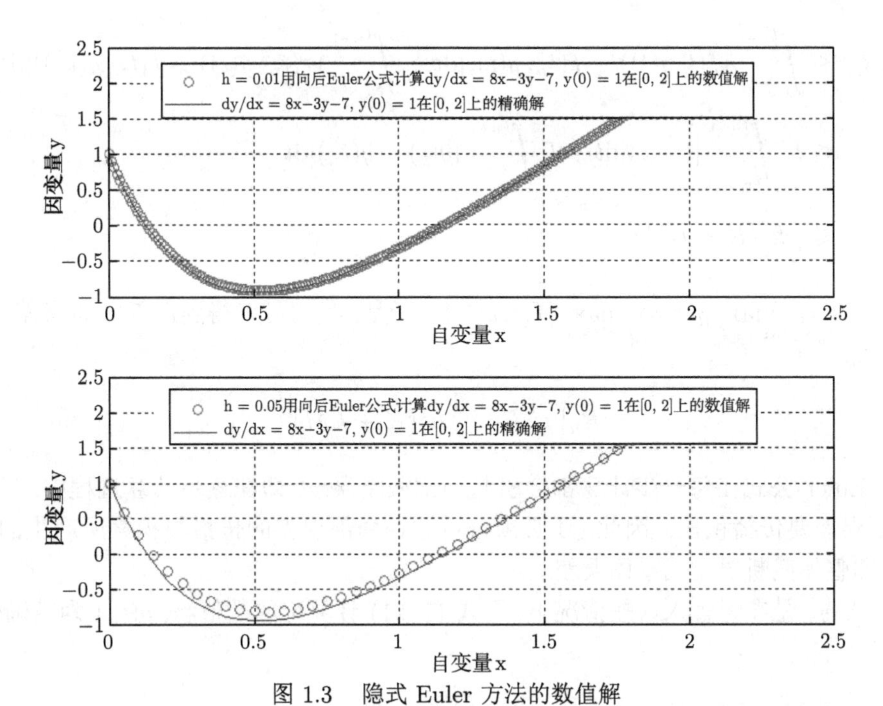

图 1.3 隐式 Euler 方法的数值解

特别地,

$$y(t+h)=y(t)+\int_t^{t+h} f(\tau,y(\tau))\mathrm{d}\tau, \tag{1.2.3}$$

在式 (1.2.3) 中取 $t=t_n$, 并用左矩形公式计算右端积分, 则有

$$y(t_n+h)=y(t_n)+hf(t_n,y(t_n))+R_n, \tag{1.2.4}$$

其中

$$R_n=\int_{t_n}^{t_{n+1}} f(t,y(t))\mathrm{d}t-hf(t_n,y(t_n)). \tag{1.2.5}$$

舍去余项 R_n, 并用 y_n 代替 $y(t_n)$, 则得 Euler 公式. R_n 称为 Euler 公式的**局部截断误差**, 它表示当 $y_n=y(t_n)$ 为精确值时, 利用式 (1.2.1) 计算 $y(t_n+h)$ 的误差.

从式 (1.2.5) 可知

$$R_n=\int_{t_n}^{t_{n+1}}\left[f(t,y(t))-f(t_n,y(t_n))\right]\mathrm{d}t.$$

若函数 $f(t,y)$ 关于 t 也满足 Lipschitz 条件, 以 K 记为相应的 Lipschitz 常数, 则由上式推出

$$\begin{aligned}|R_n|&\leqslant\int_{t_n}^{t_{n+1}}|f(t,y(t))-f(t_n,y(t))|\mathrm{d}t+\int_{t_n}^{t_{n+1}}|f(t_n,y(t))-f(t_n,y(t_n))|\mathrm{d}t\\&\leqslant K\int_{t_n}^{t_{n+1}}|t-t_n|\mathrm{d}t+L\int_{t_n}^{t_{n+1}}|y(t)-y(t_n)|\mathrm{d}t\\&\leqslant\frac{1}{2}h^2(K+LM),\end{aligned}$$

其中 $M=\max\limits_{t_0\leqslant t\leqslant T}|y'|=\max\limits_{t_0\leqslant t\leqslant T}|f(t,y(t))|$. 于是, 我们可以得到局部截断误差 R_n 的上界

$$|R_n|\leqslant R=\frac{1}{2}h^2(K+LM).$$

Euler 公式在每一步计算都会引起局部截断误差, 即在逐步计算过程中, 局部截断误差要传播积累. 因此, 还必须分析这种局部误差的传播与积累所产生的误差, 即整体截断误差或整体误差.

设 y_n 是在无舍入误差情况下, 用式 (1.2.1) 计算出的数值解, $y(t_n)$ 为精确解, 称

$$\varepsilon_n=y(t_n)-y_n$$

为 Euler 公式的**整体截断误差**.

下面, 我们将给出整体截断误差 ε_n 的估计. 利用式 (1.2.3) 减去式 (1.2.1), 得到整体截断误差满足

$$\varepsilon_{n+1} = \varepsilon_n + h\left[f(t_n, y(t_n)) - f(t_n, y_n)\right] + R_n.$$

从上式可以推出

$$|\varepsilon_{n+1}| \leqslant (1+hL)|\varepsilon_n| + R. \tag{1.2.6}$$

引理 1.2.1 如果 ε_n 满足 (1.2.6) 并且 $0 \leqslant nh \leqslant b$, 那么有

$$\begin{aligned}|\varepsilon_n| &\leqslant R\frac{(1+hL)^n - 1}{hL} + (1+hL)^n|\varepsilon_0| \\ &\leqslant \frac{R}{hL}(\mathrm{e}^{Lb} - 1) + \mathrm{e}^{Lb}|\varepsilon_0|.\end{aligned} \tag{1.2.7}$$

证明 不等式 (1.2.7) 的证明将用到数学归纳法.

当 $n = 0$ 时, (1.2.7) 中的第一个不等式自然成立.

假设对 n 时, 有

$$|\varepsilon_n| \leqslant R\frac{(1+hL)^n - 1}{hL} + (1+hL)^n|\varepsilon_0|,$$

那么, 由 (1.2.6) 有

$$\begin{aligned}|\varepsilon_{n+1}| &\leqslant R\frac{(1+hL)^n - 1}{hL}(1+hL) + (1+hL)^{n+1}|\varepsilon_0| + R \\ &= R\frac{(1+hL)^{n+1} - (1+hL) + hL}{hL} + (1+hL)^{n+1}|\varepsilon_0| \\ &= R\frac{(1+hL)^{n+1} - 1}{hL} + (1+hL)^{n+1}|\varepsilon_0|.\end{aligned}$$

由于 $nh \leqslant b$, 并且当 $hL \geqslant 0$ 时 $1 + hL \leqslant \mathrm{e}^{Lh}$, 因此有 $(1+hL)^n \leqslant \mathrm{e}^{Lhn} \leqslant \mathrm{e}^{Lb}$, 故 (1.2.7) 成立. □

注 由引理 1.2.1 可知, 若 $f(t, y)$ 关于 t, y 均满足 Lipschitz 条件, K 及 L 为相应的 Lipschitz 常数, 则 Euler 方法的整体截断误差满足如下公式

$$|\varepsilon_n| \leqslant \mathrm{e}^{L(T-t_0)}|\varepsilon_0| + \frac{h}{2}\left(M + \frac{K}{L}\right)\left(\mathrm{e}^{L(T-t_0)} - 1\right). \tag{1.2.8}$$

从 $y_0 = y(t_0)$ 及上式可知 $|\varepsilon_n| = O(h)$, 即 Euler 方法的整体截断误差与 h 同阶, 故而可称 Euler 方法为一阶方法. 它的直观意义是, 当 $y(t)$ 是一次多项式时, Euler 方法是精确的.

接下来讨论 Euler 方法的稳定性.

定义 1.2.1 设 y_i, z_i 是以任意初值 y_0, z_0 利用 Euler 方法求出的数值解 (没有舍入误差), 如果存在正常数 c 及 h_0, 对任何满足条件 $0 < h < h_0$, $h < T$ 的 i 和 h 都有

$$|y_i - z_i| < c|y_0 - z_0|, \tag{1.2.9}$$

则称 Euler 方法是稳定的.

由此可得: 当 $f(t,y)$ 关于 y 也满足 Lipschitz 条件时, Euler 方法的解连续地依赖于初值.

1.3 梯形方法

取式 (1.2.3) 中的 t 为 t_n, 并用梯形求积公式计算其右端积分, 则得

$$y(t_n + h) = y(t_n) + \frac{h}{2}\left[f(t_n, y(t_n)) + f(t_{n+1}, y(t_{n+1}))\right] + R_n^{(1)}, \tag{1.3.1}$$

其中 $R_n^{(1)}$ 表示梯形求积公式的余项.

根据 Newton 前插值公式,

$$\begin{aligned}\int_{t_n}^{t_{n+1}} y'(t)\mathrm{d}t &= \int_0^1 \left\{y'(t_n) + \tau\left[y'(t_{n+1}) - y'(t_n)\right]\right\} h\mathrm{d}\tau \\ &\quad + \frac{h^3}{2}\int_0^1 \tau(\tau-1)y'''(t_n+\xi h)\mathrm{d}\tau \\ &= \frac{h}{2}[y'(t_{n+1}) + y'(t_n)] - \frac{h^3}{12}y'''(t_n+\xi h), \quad 0 \leqslant \xi \leqslant 1,\end{aligned}$$

则

$$R_n^{(1)} = \int_{t_n}^{t_{n+1}} y'(t)\mathrm{d}t - \frac{h}{2}[y'(t_{n+1}) + y'(t_n)] = -\frac{h^3}{12}y'''(t_n+\xi h). \tag{1.3.2}$$

舍去 $R_n^{(1)}$, 即得到梯形公式的计算公式

$$y_{n+1} = y_n + \frac{h}{2}\left[f(t_n, y_n) + f(t_{n+1}, y_{n+1})\right]. \tag{1.3.3}$$

$R_n^{(1)}$ 即为梯形方法的局部截断误差, 它与 h^3 同阶, 比 Euler 方法高一阶. 梯形公式的右端出现需要求的值, 因此梯形公式是一种隐式方法.

在实际计算时, 初始近似 $y_{n+1}^{(0)}$ 可用 Euler 方法求出, 这样一来, 梯形方法每步完整的计算公式为

$$
\begin{cases} y_{n+1}^{(0)} = y_n + hf(t_n, y_n), \\ y_{n+1}^{(m+1)} = y_n + \dfrac{h}{2}[f(t_n, y_n) + f(t_{n+1}, y_{n+1}^{(m)})], \quad m = 0, 1, 2, \cdots. \end{cases} \tag{1.3.4}
$$

公式 (1.3.4) 又称为预测校正公式, 即由 Euler 方法给出预测值, 再利用梯形方法予以校正. 当步长 h 取适当小时, 由 Euler 方法算出的值已是较好的近似, 公式 (1.3.4) 收敛很快, 通常只需一两次迭代即可满足精度要求, 如需多次迭代, 则应缩小步长后再进行计算.

对于梯形方法, 可类似地建立其截断误差估计式及收敛性, 且

$$
|y(t_n) - y_n| = O(h^2), \quad h \to 0.
$$

此时称梯形方法为二阶方法.

例 用梯形方法解初值问题 $\dfrac{\mathrm{d}y}{\mathrm{d}x} = 8x - 3y - 7, y(0) = 1$ (图 1.4).

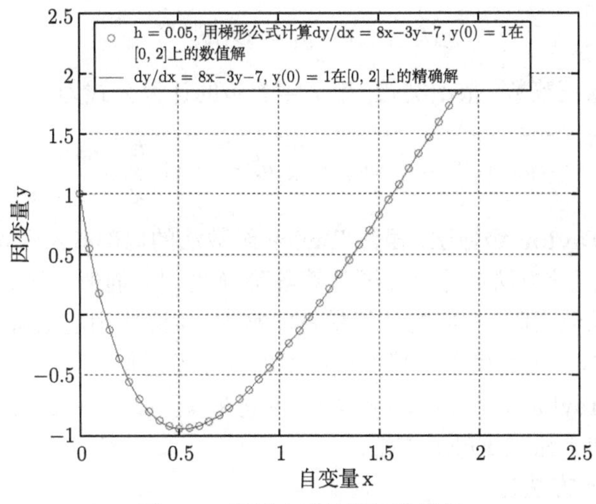

图 1.4 梯形方法计算的数值解

1.4 Runge-Kutta 方法

1.4.1 Runge-Kutta 方法简介

由于 Euler 方法及梯形方法的阶数最高只能达到二阶, 并且用计算机计算时还存在舍入误差, 因此整体的阶数较低. 提高单步法的阶数的主要途径是提高局

部截断误差的阶, 即用 Taylor 方法和 Runge-Kutta 方法.

设初值问题 (1.1.1) 的解 $y(t)$ 具有 $p+1$ 次连续导数. 考虑 $y(t)$ 在初始时刻 t_0 处的 Taylor 展开式

$$y(t_0+h)=y(t_0)+y'(t_0)h+\frac{y''(t_0)}{2!}h^2+\cdots+\frac{y^{(p)}(t_0)}{p!}h^p+O(h^{p+1}).$$

若取

$$y_1=y(t_0)+y'(t_0)h+\frac{y''(t_0)}{2!}h^2+\cdots+\frac{y^{(p)}(t_0)}{p!}h^p, \tag{1.4.1}$$

其中各阶导数 $y^{(i)}(t_0)$ 可直接利用 $y'(t)=f(t,y(t))$ 算出:

$$\begin{cases} y'=f, \\ y''=f_t+ff_y, \\ y'''=f_{tt}+2f_{ty}f+f_{yy}f^2+f_y^2f+f_tf_y, \\ \cdots\cdots \end{cases} \tag{1.4.2}$$

这里 f_t, f_y, f_{ty}, f_{yy} 等表示 $f(t,y)$ 对相应变量的偏导数, 则局部截断误差为

$$y(t_0+h)-y_1=O(h^{p+1}),$$

其中 p 可取任意正整数. 依次类推, 第 $n+1$ 步的计算公式为

$$y_{n+1}=y_n+hy_n'+\frac{h^2}{2}y_n''+\cdots+\frac{h^p}{p!}y_n^{(p)},$$

这种方法称为 **Taylor 级数法**. 虽然 Taylor 级数法的局部截断误差的阶数可以任意高, 但是在利用该方法计算时需要计算各阶导数 $y_n^{(i)}$ 的值. 当 $f(t,y(t))$ 的表达式复杂并且 p 比较大时, 相应的计算量将非常大, 实际应用起来将比较困难. 一般来说 Taylor 级数法更适用于计算简单问题的低精度近似.

注 一阶 Taylor 方法为 $y_{k+1}=y_k+y_k'h$, 即 $y_{k+1}=y_k+hf_k$, 因此一阶 Taylor 方法等同于显式 Euler 方法.

二阶 Taylor 方法为

$$\begin{cases} y_{k+1}=y_k+hf(t_k,y_k)+\frac{h^2}{2}[f_t(t_k,y_k)+f(t_k,y_k)\cdot f_y(t_k,y_k)], \\ y(t_0)=y_0, \quad k=0,1,\cdots,n-1. \end{cases}$$

梯形方法为

$$\begin{cases} y_{k+1}=y_k+\frac{h}{2}\left[f(x_k,y_k)+f(x_{k+1},y_{k+1})\right], \\ y(t_0)=y_0, \quad k=0,1,\cdots,n-1. \end{cases}$$

通过比较二阶 Taylor 方法与梯形方法的计算量, 可以发现二阶 Taylor 方法的计算量大约是梯形方法计算量的 3 倍. 导致这种差别的原因在于梯形方法不需要计算 $f(t,y)$ 的偏导数也可达到二阶收敛. 因此给我们一个启示, 可以用 $f(t,y)$ 在一些点上的函数值构造高阶单步法, 即 Runge-Kutta 方法, 简称 R-K 方法. 这样一来, 在实际应用中不需要利用 $f(t,y)$ 的偏导数便可得到更高阶的估计, 从而使计算变得更加简洁.

1.4.2 Runge-Kutta 方法的构造

由积分中值定理得

$$\int_{t_n}^{t_{n+1}} f(t,y(t))\mathrm{d}t = hf(t_n+\theta h, y(t_n+\theta h)), \quad 0<\theta<1.$$

将上式代入公式 (1.2.3) 中可得

$$y(t_n+h) = y(t_n) + hf\left(t_n+\theta h, y(t_n+\theta h)\right). \tag{1.4.3}$$

事实上, 我们无法直接利用式 (1.4.3) 来计算 $y(t_n+h)$ 的精确值. 这是因为 $f(t_n+\theta h, y(t_n+\theta h))$ 的值是无法计算出来的. 因此我们拟用 f 位于 $[t_n, t_n+h]$ 上的若干个点处的值的线性组合来近似它, 并使之有尽可能高的精度. 具体来说, 就是用下列式子代替 (1.4.3).

$$y_{k+1} = y_k + h\Phi(t_k, y_k, h), \tag{1.4.4}$$

其中 $\Phi(t_k,y_k,h) = \sum\limits_{r=1}^{R} c_r k_r$,

$$\begin{cases} k_1 = f(t_k, y(t_k)), \\ k_r = f\left(t_k + a_r h, y_k + h\sum\limits_{s=1}^{r-1} b_{rs}k_s\right), \quad r=2,\cdots,R, \end{cases} \tag{1.4.5}$$

系数 a_r, b_{rs}, c_r 待定. 公式 (1.4.4), (1.4.5) 称为 R 级 R-K 方法.

需要说明的是, 对于系数 a_r, b_{rs}, c_r 的选取, 关键是使得 R-K 方法的阶数达到最高.

定义 1.4.1 若 $y_k + h\Phi(t_k,y_k,h)$ 能展开成 h 的级数形式

$$y_k + h\Phi(t_k,y_k,h) = y_k + \sum_{s=1}^{\infty} \frac{\beta_{ks}}{s!}h^s, \tag{1.4.6}$$

其中 $\beta_{ks} = D^{s-1}f(t_k, y_k)$, $s = 1, 2, \cdots, p$, 而 $\beta_{k(p+1)} \neq D^p f(x_k, y_k)$, 则称 R 级 R-K 方法是 p 阶方法.

下面给出几种常用的 R-K 方法.

(1) 一级显式 R-K 方法: $y_{k+1} = y_k + hc_1k_1$. 当 $c_1 = 1$ 时, 一阶方法为 $y_{k+1} = y_k + hk_1$, 即为显式 Euler 方法.

(2) 二级显式 R-K 方法: $y_{k+1} = y_k + h(c_1k_1 + c_2k_2)$, 其中

$$k_1 = f(t_k, y_k), \quad k_2 = f(t_k + a_2h, y_k + b_{21}k_1h).$$

令 $f = f(t_k, y_k), f_t = f_t(t_k, y_k), f_y = f_y(t_k, y_k)$, 则有

$$\begin{cases} k_1 = f, \\ k_2 = f + a_2hf_t + b_{21}ff_yh + \dfrac{h^2}{2!}(a_2^2f_{tt} + 2a_2b_{21}f_{ty}f + b_{21}^2f_{yy}f^2) + O(h^3), \end{cases}$$

所以

$$\begin{aligned} y_{k+1} = {} & y_k + (c_1 + c_2)fh + h^2(a_2c_1f_t + b_{21}c_2ff_y) \\ & + \frac{c_2h^3}{2!}(a_2^2f_{tt} + 2a_2b_{21}f_{ty}f + b_{21}^2f_{yy}f^2) + O(h^4). \end{aligned}$$

回顾 Taylor 方法的表达式 $y_{k+1} = y_k + y_k'h + \dfrac{1}{2!}y_k''h^2 + \cdots + \dfrac{1}{p!}y_k^{(p)}h^p$, 发现当

$$\begin{cases} c_1 + c_2 = 1, \\ a_2c_1 = \dfrac{1}{2}, \\ b_{21}c_2 = \dfrac{1}{2} \end{cases}$$

时, 二级显式 R-K 方法为二阶方法.

注　由于 c_1, c_2, a_2, b_{21} 的解不唯一, 因此二阶方法有无数多个, 但不能到达三阶.

下面介绍几种特殊的二阶方法.

- 若取 $c_1 = c_2 = \dfrac{1}{2}, a_2 = b_{21} = 1$, 则得到预估校正 Euler 方法

$$y_{k+1} = y_k + \frac{h}{2}\left[f(t_k, y_k) + f(t_k + h, y_k + f(t_k, y_k))\right].$$

- 若取 $c_1 = 0, c_2 = 1, a_2 = b_{21} = \dfrac{1}{2}$, 则得到中点方法

$$y_{k+1} = y_k + hf\left(t_k + \frac{h}{2}, y_k + \frac{h}{2}f(t_k, y_k)\right).$$

- 若取 $c_1 = \frac{1}{4}, c_2 = \frac{3}{4}, a_2 = b_{21} = \frac{2}{3}$, 则得到 Heun (休恩) 方法

$$y_{k+1} = y_k + \frac{h}{4}\left[f(x_k, y_k) + 3f\left(x_k + \frac{2}{3}h, y_k + \frac{2}{3}hf(x_k, y_k)\right)\right].$$

由二阶方法可以构造一阶方法, 但二阶方法中用到两个函数值, 比一阶方法多用一个函数值而阶数又一样, 因此很少用.

(3) 三级显式 R-K 方法:

$$\begin{cases} y_{k+1} = y_k + h(c_1k_1 + c_2k_2 + c_3k_3), \\ k_1 = f(t_k, y_k), \\ k_2 = f(t_k + a_2h, y_k + b_{21}k_1h), \\ k_3 = f(t_k + a_3h, y_k + b_{31}k_1h + b_{32}k_2h), \end{cases}$$

其中 $c_1, c_2, c_3, a_2, a_3, b_{21}, b_{31}, b_{32}$ 是待定参数. 若 R-K 方法是三阶方法, 参数应满足如下关系:

$$\begin{cases} c_1 + c_2 + c_3 = 1, \\ a_2 = b_{21}, \\ a_3 = b_{31} + b_{32}, \\ c_2a_2 + c_3a_3 = \frac{1}{2}, \\ c_2a_2^2 + c_3a_3^2 = \frac{1}{3}, \\ c_3a_2b_{32} = \frac{1}{6}. \end{cases}$$

由线性代数知识可知, 该方程组有解但不唯一, 即三阶 R-K 方法不唯一, 但不存在三级四阶 R-K 方法.

- 取 $c_1 = \frac{1}{4}, c_2 = 0, c_3 = \frac{3}{4}, a_2 = b_{21} = \frac{1}{3}, b_{31} = 0, a_3 = b_{32} = \frac{2}{3}$ 时, 对应的三级 R-K 方法称为三阶 Heun 方法, 即

$$
\begin{cases}
y_{k+1} = y_k + \dfrac{h}{4}(k_1 + 3k_3), \\
k_1 = f(t_k, y_k), \\
k_2 = f\left(t_k + \dfrac{1}{3}h, y_k + \dfrac{h}{3}k_1\right), \\
k_3 = f\left(t_k + \dfrac{2}{3}h, y_k + \dfrac{2}{3}hk_2\right).
\end{cases}
$$

- 取 $c_1 = \dfrac{1}{6}, c_2 = \dfrac{1}{3}, c_3 = \dfrac{1}{6}, a_2 = b_{21} = \dfrac{1}{2}, a_3 = 1, b_{31} = -1, b_{32} = 2$ 时, 对应的三级 R-K 方法称为三级三阶 Kutta 方法, 即

$$
\begin{cases}
y_{k+1} = y_k + \dfrac{h}{6}(k_1 + 4k_2 + k_3), \\
k_1 = f(t_k, y_k), \\
k_2 = f\left(t_k + \dfrac{1}{2}h, y_k + \dfrac{h}{2}k_1\right), \\
k_3 = f(t_k + h, y_k - hk_1 + 2hk_2).
\end{cases}
$$

(4) 四阶 R-K 方法是常用的算法, 其优点是精度高, 程序简单, 计算过程稳定, 易于调整步长. 缺点是要求 $f(t,y)$ 具有较高的光滑性. 如果 $f(t,y)$ 光滑性差, 计算工作量将变得很大.

下面给出几种常用的四阶 R-K 形式.

(a) 经典显式四级四阶 R-K 方法:

$$
\begin{cases}
y_{k+1} = y_k + \dfrac{h}{6}(k_1 + 2k_2 + 2k_3 + k_4), \\
k_1 = f(t_k, y_k), \\
k_2 = f\left(t_k + \dfrac{1}{2}h, y_k + \dfrac{h}{2}k_1\right), \\
k_3 = f\left(t_k + \dfrac{1}{2}h, y_k + \dfrac{h}{2}k_2\right), \\
k_4 = f(t_k + h, y_k + hk_3).
\end{cases}
$$

(b) 经典四级四阶 Kutta 形式:

$$
\begin{cases}
y_{k+1} = y_k + \dfrac{h}{8}(k_1 + 3k_2 + 3k_3 + k_4), \\
k_1 = f(t_k, y_k), \\
k_2 = f\left(t_k + \dfrac{1}{3}h, y_k + \dfrac{h}{3}k_1\right), \\
k_3 = f\left(x_k + \dfrac{2}{3}h, y_k - \dfrac{h}{3}k_1 + hk_2\right), \\
k_4 = f(x_k + h, y_k + hk_1 - hk_2 + hk_3).
\end{cases}
$$

(5) 四级四阶 Gill (吉尔) 形式:

$$
\begin{cases}
y_{k+1} = y_k + \dfrac{h}{6}\left[k_1 + (2-\sqrt{2})k_2 + (2+\sqrt{2})k_3 + k_4\right], \\
k_1 = f(t_k, y_k), \\
k_2 = f\left(t_k + \dfrac{1}{2}h, y_k + \dfrac{h}{2}k_1\right), \\
k_3 = f\left(x_k + \dfrac{1}{2}h, y_k + \dfrac{\sqrt{2}-1}{2}k_1 + \left(1 - \dfrac{\sqrt{2}}{2}\right)k_2\right), \\
k_4 = f\left(x_k + h, y_k - \dfrac{\sqrt{2}}{2}k_2 + \left(1 + \dfrac{\sqrt{2}}{2}\right)k_3\right).
\end{cases}
$$

例 用 Runge-Kutta 方法解初值问题

$$
\begin{cases}
\dfrac{\mathrm{d}y}{\mathrm{d}x} = 1 - \dfrac{2xy}{1+x^2}, \quad 0 \leqslant x \leqslant 2, \\
y|_{x=0} = 0.
\end{cases}
$$

解 图 1.5 和图 1.6 是分别用二阶和四阶 R-K 方法计算的数值解和精确解.

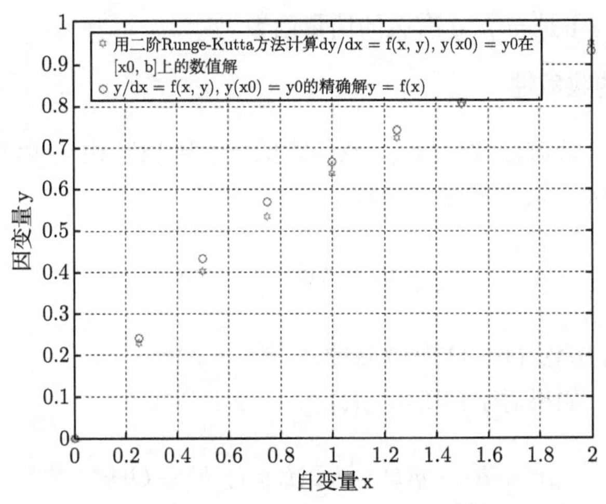

图 1.5　二阶 R-K 方法计算的数值解

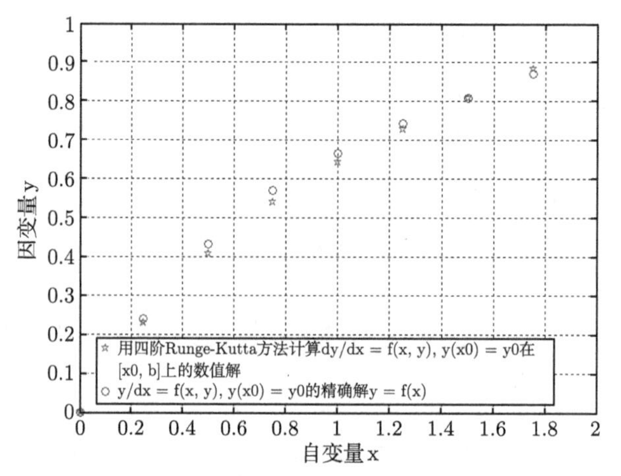

图 1.6　四阶 R-K 方法计算的数值解

1.5　单步法的收敛性与相容性

无论是 Euler 方法还是各级 Runge-Kutta 方法都是在已知 y_n 的条件下计算 y_{n+1}, 因此称为显示单步法, 简称单步法. 这类方法的一般形式为

$$y_{n+1} = y_n + h\Phi(t_n, y_n, h), \tag{1.5.1}$$

其中函数 $\Phi(t, y, h)$ 是与 h, y 有关的增量函数.

1.5.1　单步法的收敛性

定义 1.5.1　若对任意初值 y_0 及任意的 $t \in [t_0, T]$, 由单步法 (1.5.1) 生成的数值解 y_k 与精确解 $y(t)$ 满足关系式

$$\lim_{h\to 0} y_k = y(t), \quad t = t_k,$$

则称数值 (单步) 方法 (1.5.1) 是收敛的.

定义 1.5.2　如果对于精确解 $y(t)$, p 是使下列式子

$$y(t+h) - y(t) = h\Phi(t, y(t), h) + O(h^{p+1}) \tag{1.5.2}$$

成立的最大整数, 则称单步方法 (1.5.1) 是 p 阶的.

通过收敛性的定义可知, 若数值方法收敛, 则其局部截断误差趋于 0. 根据定义, 数值方法的收敛性需要根据该方法的整体截断误差来判定.

定理 1.5.1 若初值问题使用单步法时的局部截断误差为 $O(h^{p+1})(p \geqslant 1)$, 且 $\Phi(t,y,h)$ 对 y 满足 Lipschitz 条件, 即存在 $L>0$, 使得对一切 y_1, y_2 有

$$|\Phi(t,y_1,h)-\Phi(t,y_2,h)| \leqslant L|y_1-y_2| \tag{1.5.3}$$

成立, 则单步法收敛, 且单步法的整体截断误差为 $\varepsilon_{n+1}=O(h^p)$.

证明 单步法 (1.5.1) 在 t_{n+1} 处的整体截断误差为

$$\begin{aligned}
\varepsilon_{n+1} &= y(t_{n+1})-y_{n+1} \\
&= y(t_{n+1})-y_n-h\Phi(t_n,y_n,h) \\
&= y(t_{n+1})-y(t_n)-h\Phi(t_n,y(t_n),h) \\
&\quad + y(t_n)-[y_n+h\Phi(t_n,y_n,h)]+h\Phi(t_n,y(t_n),h) \\
&= \{y(t_{n+1})-[y(t_n)+h\Phi(t_n,y(t_n),h)]\}+[y(t_n)-y_n] \\
&\quad + h\left[\Phi(t_n,y(t_n),h)-\Phi(t_n,y_n,h)\right],
\end{aligned}$$

则有

$$\begin{aligned}
|\varepsilon_{n+1}| &\leqslant |R_{n+1}|+|y(t_n)-y_n|+hL\,|y(t_n)-y_n| \\
&\leqslant |R_{n+1}|+\varepsilon_n(1+hL),
\end{aligned} \tag{1.5.4}$$

其中 $\varepsilon_{n+1}=O(h^{p+1})$. 反复使用式 (1.5.4) 得

$$\begin{aligned}
|\varepsilon_{n+1}| &\leqslant |R_{n+1}|+|R_n|\,(1+hL)+|\varepsilon_{n-1}|\,(1+hL)^2 \\
&\leqslant \sum_{k=0}^{n}|R_{n+1-k}|(1+hL)^k+|\varepsilon_0|\,(1+hL)^{n+1}.
\end{aligned}$$

取

$$E=\max_{1\leqslant n\leqslant M}|\varepsilon_n|.$$

由 $\varepsilon_0=0$, 可得

$$\begin{aligned}
|\varepsilon_{n+1}| &\leqslant E\sum_{k=0}^{n}(1+hL)^k=\frac{E}{hL}\left[(1+hL)^{n+1}-1\right] \\
&= \frac{E}{hL}\left\{\left[(1+hL)^{\frac{1}{hL}}\right]^{(n+1)hL}-1\right\}
\end{aligned}$$

$$\leqslant \frac{E}{hL}\left[\mathrm{e}^{(n+1)hL}-1\right] \leqslant \frac{E}{hL}\left(\mathrm{e}^{MhL}-1\right)$$
$$=\frac{E}{hL}\left[\mathrm{e}^{(T-t_0)L}-1\right]$$
$$=\frac{1}{hL}\left|O(h^{p+1})\right|\left[\mathrm{e}^{(T-t_0)L}-1\right]=O(h^p).$$

对上式取极限, 则有 $\lim\limits_{h\to 0}|\varepsilon_{n+1}|=0$.

从而得知, 对区间 $[t_0,T]$ 中的任意一点 t_{n+1}, 当 $h\to 0$ 时有

$$\lim_{h\to 0} y_{n+1}=y(t_{n+1}),$$

即数值解 y_{n+1} 一致收敛于初值问题的精确解 $y(t_{n+1})$. □

1.5.2 单步法的相容性

在单步法 (1.5.1) 中, 如果把 y_n, y_{n+1} 分别换成 $y(t_n)$, $y(t_n+h)$, 得到关于 $y(t_n)$ 的一个近似方程

$$\frac{y(t_n+h)-y(t_n)}{h}\approx \Phi(t_n,y(t_n),h). \tag{1.5.5}$$

差分方程 (1.5.1) 的解能否作为初值问题的近似解, 应取决于 $h\to 0$ 时, 近似方程 (1.5.5) 的极限状态能否成为微分方程 (1.2.1). 由于

$$\lim_{h\to 0}\frac{y(t_n+h)-y(t_n)}{h}=y'(t_n),$$

要使得近似方程 (1.5.5) 的极限状态为微分方程 (1.2.1), 则 $\Phi(t_n,y(t_n),h)$ 需要满足

$$\lim_{h\to 0}\Phi(t_n,y(t_n),h)=f(t_n,y(t_n)). \tag{1.5.6}$$

假定 $\Phi(t,y(t),h)$ 是连续函数, 上式可表示为

$$\Phi(t,y(t),0)=f(t,y(t)). \tag{1.5.7}$$

定义 1.5.3 如果条件 (1.5.7) 成立, 则称单步法 (1.5.1) 与微分方程 (1.2.1) 相容, 并称条件 (1.5.7) 为相容条件.

事实上, 由定义 1.6.1 可知各阶单步法全是相容的.

1.6 一般线性多步法

求解初值问题的数值方法都是“步进法”, 即求解过程从 y_0 开始, 顺着节点的排列次序, 一步一步地向前推进, 逐步求出 $y_1, y_2, \cdots, y_n$. 因此在计算 y_{k+1} 时, 已知前面 $y_0, y_1, \cdots, y_k$ 这 $k+1$ 个数. 如果在计算 y_{k+1} 时, 能充分利用这些已有的信息, 而不仅仅像单步法那样只用其前一步的值, 那么就有希望得到精度高、计算量小的求解公式. 多步法就是基于这一思想发展起来的.

最常用的多步法是线性多步法, 其一般形式为

$$y_{n+1} = \sum_{i=0}^{k} \alpha_i y_{n-i} + h \sum_{i=-1}^{k} \beta_i f_{n-i}, \quad n = k, k+1, \cdots, \tag{1.6.1}$$

其中 $f_{n-i} = f(t_{n-i}, y_{n-i})$, α_i, β_i 是待定常数, $\alpha_k \beta_k \neq 0$. 多步法 (1.6.1) 为 $k+1$ 步法, 因为计算 y_{n+1} 需要用到前 $k+1$ 个解值: $y_n, y_{n-1}, \cdots, y_{n-k}$. 若 $\beta_{-1} = 0$, 式 (1.6.1) 就称为显式多步法, 若 $\beta_{-1} \neq 0$, 式 (1.6.1) 就称为隐式多步法.

对任意可微函数, 定义多步法的局部截断误差函数为

$$R_{n+1}(y) = y(t_{n+1}) - \left[\sum_{i=0}^{k} \alpha_i y(t_{n-i}) + h \sum_{i=-1}^{k} \beta_i f(t_{n-i}) \right].$$

定义 1.6.1 如果对所有满足基本假设的 f, $t_0 \leqslant t \leqslant T$, $|y| < \infty$ 有

$$\lim_{h \to 0} \frac{|R_{n+1}|}{h} = 0 \tag{1.6.2}$$

成立, 则称多步方法 (1.6.1) 为相容的. 若 q 是使关系 $\dfrac{|R_{n+1}|}{h} = O(h^q)$ 成立的最大整数, 其中 f 本身及其直到 q 阶的偏导数连续有界, 称多步方法是 q 阶的.

定理 1.6.1 多步方法 (1.6.1) 相容的充分必要条件是

$$\sum_{i=0}^{k} \alpha_i = 1, \quad -\sum_{i=0}^{k} i\alpha_i + \sum_{i=-1}^{k} \beta_i = 1.$$

多步方法 (1.6.1) 是 q 阶的充分必要条件是

$$\begin{cases} \displaystyle\sum_{i=0}^{k} \alpha_i = 1, \\ \displaystyle\sum_{i=0}^{k} (-i)^r \alpha_i + r \sum_{i=-1}^{k} (-i)^{r-1} \beta_i = 1 \quad (r = 1, 2, \cdots, q). \end{cases} \tag{1.6.3}$$

接下来将介绍两种构造线性多步法的方法: 待定系数法和数值积分法.

1.6.1 待定系数法

对于一般显式 k 步方法

$$\sum_{i=0}^{k}\alpha_i y_{n+i}=h\sum_{i=0}^{k}\beta_i f_{n+i}, \tag{1.6.4}$$

定义差分算子

$$L\left[y(t);h\right]=\sum_{i=0}^{k}\alpha_i y(t_n+ih)-h\sum_{i=0}^{k}\beta_i y'(t_n+ih).$$

对 $y(t_n+ih)$ 和 $y'(t_n+ih)$ 在 t_n 处做 Taylor 展开可以得到

$$y(t_n+ih)=y(t_n)+y'(t_n)ih+\frac{1}{2}y''(t_n)(ih)^2+\cdots+\frac{1}{p!}y^{(p)}(t_n)(ih)^p+\cdots$$

和

$$y'(t_n+ih)=y'(t_n)+y''(t_n)ih+\frac{1}{2}y'''(t_n)(ih)^2+\cdots+\frac{1}{p!}y^{(p+1)}(t_n)(ih)^p+\cdots.$$

将这两个展开式代入 $L\left[y(t);h\right]$ 的表示式整理后得到

$$L\left[y(t);h\right]=\sum_{i=0}^{\infty}K_i h^i y^{(i)}(t_n),$$

其中 $K_i(i=0,1,\cdots,p,\cdots)$ 是常数, 与系数 α_i, β_i 满足如下关系式

$$\begin{cases} K_0=\displaystyle\sum_{i=0}^{k}\alpha_i, \\ K_1=\displaystyle\sum_{i=0}^{k}i\alpha_i-\sum_{i=0}^{k}\beta_i, \\ K_2=\displaystyle\frac{1}{2}\sum_{i=0}^{k}i^2\alpha_i-\sum_{i=0}^{k}i\beta_i, \\ \qquad\qquad\cdots\cdots \\ K_p=\displaystyle\frac{1}{p!}\sum_{i=0}^{k}i^p\alpha_i-\frac{1}{(p-1)!}\sum_{i=0}^{k}i^{p-1}\beta_i, \quad p=3,4,\cdots. \end{cases}$$

通过上述分析可以发现, 如果 $y(t)$ 具有 $p+2$ 阶连续导数, 当 k 适当大时可以通过选取 α_i, β_i 使得 $K_0=K_1=\cdots=K_p=0$, $K_{p+1}\neq 0$. 这样一来, $L\left[y(t);h\right]$ 可改写为

$$L\left[y(t);h\right]=K_{p+1}h^{p+1}y^{(p+1)}(t_n)+O(h^{p+2}). \tag{1.6.5}$$

当 $y(t)$ 满足方程 $y'(t)=f(t,y(t))$ 时, 有

$$\sum_{i=0}^{k}\alpha_i y(t_n+ih)-h\sum_{i=0}^{k}\beta_i f(t_n+ih)=K_{p+1}h^{p+1}y^{(p+1)}(t_n)+O(h^{p+2}).$$

如果舍弃右端项, 并且用 y_{n+i} 代替 $y(t_n+ih)$ 可以得到式 (1.6.4). 此时称式 (1.6.4) 为 p 阶 k 步方法.

1.6.2 数值积分法

对于初值问题 $y'=f(t,y(t))$ 可写成积分形式, 如果在区间 $[t_k,t_{k+1}]$ 上积分, 则有

$$y(t_{k+1})-y(t_k)=\int_{t_k}^{t_{k+1}}f(t,y(t))\mathrm{d}t.$$

假如用 Lagrange 插值多项式来近似代替被积函数, 则可得形如 (1.6.1) 的线性多步法.

用过点 $(t_i,f_i), i=k,k-1,\cdots,k-l+1(k\geqslant l-1)$ 的插值多项式

$$p(t)=\sum_{i=0}^{l-1}f_{k-i}\prod_{\substack{j=0\\j\neq i}}^{l-1}\frac{t-t_{k-j}}{t_{k-i}-t_{k-j}}$$

来近似 $f(t,y(t)),\ t\in[t_k,t_{k+1}]$, 即 $\dfrac{\mathrm{d}y}{\mathrm{d}t}=f(t,y(t))\approx p(t)$, 再将 $p(t)$ 在 $[t_k,t_{k+1}]$ 上积分有

$$\begin{aligned}y(t_{k+1})-y(t_k)&=\int_{t_k}^{t_{k+1}}f(t,y(t))\mathrm{d}t\approx\int_{t_k}^{t_{k+1}}p(t)\mathrm{d}t\\&=\int_{t_k}^{t_{k+1}}\sum_{i=0}^{l-1}f_{k-i}\prod_{\substack{j=0\\j\neq i}}^{l-1}\frac{t-t_{k-j}}{t_{k-i}-t_{k-j}}\mathrm{d}t\\&=\sum_{i=0}^{l-1}f_{k-i}\int_0^1\prod_{\substack{j=0\\j\neq i}}^{l-1}\frac{t+j}{j-i}\mathrm{d}t.\end{aligned}$$

令

$$\beta_{l,i}=\int_0^1\prod_{\substack{j=0\\j\neq i}}^{l-1}\frac{t+j}{j-i}\mathrm{d}t,$$

并分别用 y_{k+1}, y_k 近似 $y(t_{k+1})$, $y(t_k)$ 得 l 步**显式 Adams** (亚当斯) **方法** (外插法):

$$y_{k+1}=y_k+h\sum_{i=0}^{l-1}\beta_{l,i}f_{k-i}. \tag{1.6.6}$$

由式 (1.6.6), 可得几种常用的 Adams 外插公式

$$\begin{cases} l=1,p=1,y_{k+1}=y_k+hf_k,\\ l=2,p=2,y_{k+1}=y_k+\dfrac{h}{2}(3f_k-f_{k-1}),\\ l=3,p=3,y_{k+1}=y_k+\dfrac{h}{12}(23f_k-16f_{k-1}+5f_{k-2}),\\ l=4,p=4,y_{k+1}=y_k+\dfrac{h}{24}(55f_k-59f_{k-1}+37f_{k-2}-9f_{k-3}). \end{cases} \tag{1.6.7}$$

用过点 (t_i,f_i), $i=-1,0,\cdots,l-1$ 的插值多项式

$$\tilde{p}(t)=\sum_{i=-1}^{l-1}f_{k-i}\prod_{\substack{j=-1\\ j\neq i}}^{l-1}\frac{t-t_{k-j}}{t_{k-i}-t_{k-j}}$$

来近似 $f(t,y(t))$, $t\in[t_k,t_{k+1}]$, 再将 $\tilde{p}(t)$ 在 $[t_k,t_{k+1}]$ 上积分得

$$\begin{aligned} y_{k+1}&=y_k+\int_{t_k}^{t_{k+1}}\sum_{i=-1}^{l-1}f_{k-i}\prod_{\substack{j=-1\\ j\neq i}}^{l-1}\frac{t-t_{k-j}}{t_{k-i}-t_{k-j}}\mathrm{d}t\\ &=y_k+\sum_{i=-1}^{l-1}f_{k-i}\int_0^1\prod_{\substack{j=-1\\ j\neq i}}^{l-1}\frac{t+j}{j-i}\mathrm{d}t. \end{aligned}$$

令

$$\bar{\beta}_{l,i}=\int_0^1\prod_{\substack{j=-1\\ j\neq i}}^{l-1}\frac{t+j}{j-i}\mathrm{d}t,$$

并分别用 y_{k+1}, y_k 近似 $y(t_{k+1})$, $y(t_k)$ 得 l 步**隐式 Adams 方法** (内插法):

$$y_{k+1}=y_k+h\sum_{i=-1}^{l-1}\bar{\beta}_{l,i}f_{k-i}. \tag{1.6.8}$$

由式 (1.6.8), 可得几种常用的隐式 Adams 内插公式

$$
\begin{cases}
l=1, p=2, y_{k+1}=y_k+\dfrac{h}{2}(f_{k+1}+f_k), \\
l=2, p=3, y_{k+1}=y_k+\dfrac{h}{12}(5f_{k+1}+8f_k-f_{k-2}), \\
l=3, p=4, y_{k+1}=y_k+\dfrac{h}{24}(9f_{k+1}+19f_k-5f_{k-1}+f_{k-2}), \\
l=4, p=5, y_{k+1}=y_k+\dfrac{h}{720}(251f_{k+1}+646f_k-264f_{k-1}+106f_{k-2}-19f_{k-3}).
\end{cases}
\tag{1.6.9}
$$

注 比较式 (1.6.7) 与式 (1.6.9) 可知, 相同步的隐式方法比显式方法高一阶. 如果要得到相同的阶, 隐式方法可少用一个已知量; 这意味着, 即使两种方法是同阶的, 隐式方法的主局部截断误差系数的绝对值比显式方法的要小.

类似于 Adams 方法, 利用数值积分方法可以导出 Nyström (奈斯特龙) 公式、Milne-Simpson (米尔恩-辛普森) 方法等.

例 用 Adams 方法解初值问题

$$
\begin{cases}
\dfrac{\mathrm{d}y}{\mathrm{d}x}=1-\dfrac{2xy}{1+x^2}, \quad 0 \leqslant x \leqslant 2, \\
y|_{x=0}=0.
\end{cases}
$$

解 下面是用四阶 Adams 公式和四阶 R-K 公式计算的数值解和精确解. 如图 1.7 所示.

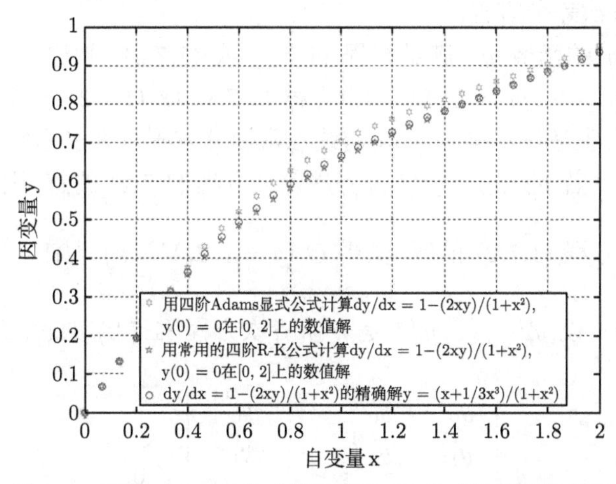

图 1.7 四阶 Adams 公式和四阶 R-K 公式计算的数值解

1.7 一般线性多步法的收敛性和稳定性

1.7.1 线性差分方程的基本性质

已知函数 $a_j(n)(n=0,1,\cdots,k)$ 和 b_n 的定义域是整数, 具有如下形式的关于序列 $\{y_n\}$ 的方程

$$a_k(n)y_{n+k}+a_{k-1}(n)y_{n+k-1}+\cdots+a_1(n)y_{n+1}+a_0(n)y_n=b_0, \tag{1.7.1}$$

称为线性差分方程. 在方程中出现的最高和最低指标的差称为差分方程的阶. 如果差分方程不是线性的就称为非线性的. 方程 (1.7.1) 是 k 阶差分方程当且仅当对任意的 n 有 $a_k(n)\cdot a_0(n)\neq 0$.

当 $b_0\equiv 0$ 时, 即式 (1.7.1) 取形式

$$a_k(n)y_{n+k}+a_{k-1}(n)y_{n+k-1}+\cdots+a_1(n)y_{n+1}+a_0(n)y_n=0, \tag{1.7.2}$$

称之为齐次线性差分方程. 例如,

$$y_{n+5}+ny_{n+2}-y_n=n3^n$$

是五阶线性非齐次差分方程, 而

$$y_{n+2}+3y_n=y_{n+1}^2$$

是二阶非线性齐次差分方程.

若整变量 n 的函数 y_n 满足方程 (1.7.1) 或 (1.7.2), 则称 y_n 为相应方程的解. 若初值 $y_0,y_1,\cdots,y_{k-1}$ 已知, 则由方程 (1.7.1) 或 (1.7.2) 可逐次算出 $y_n(n=k,k+1,\cdots)$. 线性差分方程 (1.7.2) 与线性常微分方程有许多相似的性质.

性质 1.7.1 若 $y_n^{(1)},\cdots,y_n^{(k)}$ 是齐次差分方程 (1.7.2) 的解, 则线性组合 $y_n=\sum\limits_{j=1}^{k}C_jy_n^{(j)}$ 也是方程 (1.7.2) 的解, 其中 $C_j(j=1,2,\cdots,k)$ 为任意常数.

性质 1.7.2 设 $y_n^{(1)},\cdots,y_n^{(k)}$ 是 k 阶齐次方程 (1.7.2) 的解, 并且行列式

$$\begin{vmatrix} y_0^{(1)} & y_0^{(2)} & \cdots & y_0^{(k)} \\ y_1^{(1)} & y_1^{(2)} & \cdots & y_1^{(k)} \\ \vdots & \vdots & & \vdots \\ y_{k-1}^{(1)} & y_{k-1}^{(2)} & \cdots & y_{k-1}^{(k)} \end{vmatrix}\neq 0, \tag{1.7.3}$$

称 $y_n^{(1)},\cdots,y_n^{(k)}$ 是方程 (1.7.2) 的基本解组, 并且 $y_n^{(1)},\cdots,y_n^{(k)}$ 是线性无关的. 方程 (1.7.2) 的任意解 y_n 可表示为

$$y_n=\sum_{j=1}^{k}C_j y_n^{(j)},\tag{1.7.4}$$

其中常数 C_j 由初值 $y_0,y_1,\cdots,y_{k-1}$ 唯一确定. 当 (1.7.4) 中的 $C_j(j=1,2,\cdots,k)$ 为任意常数时, 称之为方程 (1.7.2) 的通解.

性质 1.7.3 非齐次方程 (1.7.1) 的通解可以表成它的一个特解与对应的齐次方程 (1.7.2) 的通解之和.

对于变系数方程 (1.7.2), 其基本解组一般很难求出. 但当 $a_j(j=0,1,2,\cdots,k)$ 为常数, 即 (1.7.2) 为常系数方程

$$a_k y_{n+k}+a_{k-1}y_{n+k-1}+\cdots+a_1 y_{n+1}+a_0 y_n=0\tag{1.7.5}$$

时, 基本解组可用代数方法求出.

求方程 (1.7.5) 形如 $y_n=r^n$ 的解, 将表达式代入方程则有 $\sum\limits_{j=0}^{k}a_j r^j=0$, 即 r 为代数方程

$$\rho(\lambda)=\sum_{j=0}^{k}a_j\lambda^j=0\tag{1.7.6}$$

的根. 反之, 若 r 为 (1.7.6) 的根, 则 $y_n=r^n$ 必为方程 (1.7.5) 的根. 设方程 (1.7.6) 有 k 个互异的根 $r_1,\cdots,r_k$, 因为

$$\begin{vmatrix}1 & 1 & \cdots & 1\\ r_1 & r_2 & \cdots & r_k\\ \vdots & \vdots & & \vdots\\ r_1^{k-1} & r_2^{k-1} & \cdots & r_k^{k-1}\end{vmatrix}\neq 0,$$

则 $r_1^n,\cdots,r_k^n$ 为方程 (1.7.6) 的基本解组. 一般来说, 称 (1.7.6) 为 (1.7.5) 的特征方程.

若特征多项式的根中有复数 $\rho(\cos\theta+\mathrm{i}\sin\theta)$ 时, 则其共轭 $\rho(\cos\theta-\mathrm{i}\sin\theta)$ 也一定是根. 此时可取两个线性无关的实值解 $\rho^n\cos n\theta$ 和 $\rho^n\sin n\theta$. 设方程 (1.7.6) 有 s 重根 $r_1=\cdots=r_s(s>2)$, 它们对应着同一个特解 r_1^n, 因此从解组 $r_1^n,\cdots,r_k^n$ 中至多得到 $k-s+1$ 个线性无关解.

在多步方法的理论分析中, 将用到解 y_n 当 $n \to \infty$ 时的渐近性质. 特别地, 我们希望给出保证关系式

$$\lim_{n\to\infty} \frac{y_n}{n} = 0 \tag{1.7.7}$$

对所有初值 $y_0, y_1, \cdots, y_{k-1}$ 成立的条件.

定义 1.7.1 若特征方程 (1.7.6) 的根 r 模不大于 1, $|r| < 1$, 且若 $|r| = 1$, r 为单重, 则称常系数方程 (1.7.5) 满足根条件.

定理 1.7.1 方程 (1.7.5) 满足根条件, 当且仅当关系式 (1.7.7) 成立.

1.7.2 收敛性和稳定性

1. 一般线性多步法的收敛性

一般的 k 步方法为

$$y_{n+k} + a_{k-1}y_{n+k-1} + \cdots + a_0 y_n = h\sum_{j=0}^{k} \beta_j f_{n+j}, \quad k \geqslant 1. \tag{1.7.8}$$

若 $y(t)$ 为初值问题 (1.2.1) 的精确解, 则多步法 (1.7.8) 的局部截断误差定义为

$$R(t, y, h) = y(t + kh) + \sum_{i=0}^{k-1} a_i y(t + ih) - h\sum_{j=0}^{k} \beta_j f_{n+j}. \tag{1.7.9}$$

为使计算公式是原微分方程的一个合理近似, (1.7.8) 应满足相容性条件.

在利用式 (1.7.8) 逐步计算之前, 必须用其他方法, 例如单步方法, 给出 $k-1$ 个附加初值 $y_1, \cdots, y_{k-1}$. 若用

$$\varepsilon_n = y_n - y(t_n)$$

表示方法的整体截断误差, 对给出的初值, 我们要求

$$|\varepsilon_i| \leqslant \eta(h), \quad i = 0, 1, \cdots, k-1, \quad \lim_{h\to 0} \eta(h) = 0. \tag{1.7.10}$$

定义 1.7.2 多步法 (1.7.8) 称为收敛的, 是指对所有的 $t_0 \leqslant t \leqslant T$, 所有满足基本假设的 f 和所有满足 (1.7.10) 的初值 $y_i (i = 0, 1, \cdots, k-1)$, 关系式

$$\lim_{h\to 0} y_n = y(t), \quad t = t_n, \quad h = \frac{t - t_0}{n}$$

成立.

由定理 1.6.1 可知, 要使多步法相容, 系数 α_i 和 β_i 需满足

$$\sum_{i=0}^{k-1} a_i = 1, \quad -\sum_{i=0}^{k-1} i a_i + \sum_{i=-1}^{k-1} \beta_i = 1.$$

该条件也可称为多步法的相容性条件.

定理 1.7.2 若相容性条件成立, 多步法 (1.7.8) 是收敛的当且仅当根条件成立.

2. 一般线性多步法的稳定性

若解 $y(t)$ 是衰减的 (即解 $y(t)$ 随自变量趋于无穷大而趋于零), 线性多步法的数值解在任一步产生的舍入误差在以后的计算中被缩小、衰减, 则称线性多步法是数值稳定的. 否则称该线性多步法是数值不稳定的. 数值稳定性不仅与数值方法有关, 也与具体使用的步长有关. 当方法本身不稳定时, 对任何步长不具有数值稳定性; 当方法稳定时, 也并不是对所有步长具有数值稳定性.

下面给出多步法的稳定性的定义.

定义 1.7.3 如果存在一个与 h 无关的常数 C 和 h_0, 使得对任意的 $h \in (0, h_0)$ 和 (1.2.1) 的任意两个解 $\{y_n\}$ 和 $\{z_n\}$, 恒有

$$\max_{nh \leqslant T} |y_n - z_n| \leqslant C \max_{0 \leqslant j < k} |y_j - z_j|,$$

则称多步法是稳定的.

对于一般的线性 k 步方法,

$$\sum_{j=0}^{k} a_j y_{n+j} = h \sum_{j=0}^{k} \beta_j f_{n+j}, \tag{1.7.11}$$

其中 $a_k = 1$. 如果用 $R(t, y, h)$ 表示其局部截断误差, 则初值问题 (1.2.1) 的精确解 $y(t)$ 满足关系式

$$\sum_{j=0}^{k} a_j y(t_{n+j}) = h \sum_{j=0}^{k} \beta_j f(t_{n+j}, y(t_{n+j})) + R(t_n, y(t_n), h). \tag{1.7.12}$$

由于计算过程中舍入误差的存在, 实际计算的时候只能得到式 (1.7.11) 的近似解 y_{n+j}, 它满足

$$\sum_{j=0}^{k} a_j y_{n+j} = h \sum_{j=0}^{k} \beta_j f(t_{n+j}, y_{n+j}) + \eta_{n+k}, \tag{1.7.13}$$

其中符号 η_n 表示求第 n 步数值解时的局部舍入误差. 将式 (1.7.12) 减去式 (1.7.13), 并令 $\varepsilon_n = y(t_n) - y_n$, 则

$$\sum_{j=0}^{k} a_j \varepsilon_{n+j} = h \sum_{j=0}^{k} \beta_j \left[f(t_{n+j}, y(t_{n+j})) - f(t_{n+j}, y_{n+j}) \right] + \phi_{n+k}, \tag{1.7.14}$$

其中 $\phi_{n+k} = R(t_n, y(t_n), h) - \eta_{n+k}$. 为了对 ε_n 的性质进行分析, 我们需要将问题进行简化. 我们假设 $\phi_{n+k} = \phi$ 是常数, $\partial f / \partial y = \mu$. 此时所考虑的是如下特殊方程 $y' = \mu y$. 因此 (1.7.14) 可化简为

$$\sum_{j=0}^{k} a_j \varepsilon_{n+j} = h \sum_{j=0}^{k} \beta_j \mu \varepsilon_{n+j} + \phi,$$

即

$$\sum_{j=0}^{k} (a_j - h\mu\beta_j) \varepsilon_{n+j} = \phi. \tag{1.7.15}$$

记

$$\rho(\lambda) = \sum_{j=0}^{k} a_j \lambda^j, \quad \sigma(\lambda) = \sum_{j=0}^{k} \beta_j \lambda^j.$$

考虑多项式

$$S(\lambda, \mu h) = \rho(\lambda) - \mu h \sigma(\lambda),$$

设多项式 $S(\lambda, \mu h)$ 的零点为 $r_1(\mu h), r_2(\mu h), \cdots, r_k(\mu h)$, 可以证明这些零点连续依赖于 μh. 由 1.6.1 小节的知识可知, 方程 (1.7.15) 的任意解 ε_n 可以表示为

$$\varepsilon_n = \sum_{j=1}^{k} C_j W_n^j - \frac{\phi}{\mu h} \sum_{j=0}^{k} \beta_j,$$

其中 $\{W_n^j\}$ 是方程 (1.7.15) 对应的齐次差分方程的基本解.

我们需要判定当 n 增大时, ε_n 是随之增大还是减小或者是振荡的. 如果 ε_n 是减小的, 那么每一步计算所产生的舍入误差对以后计算结果的影响在不断减弱, 这意味着误差是可以控制的. 因此, 引入相对稳定性的概念.

定义 1.7.4 对于给定的 $\bar{h} = \mu h$, 多项式 $p(r) - \bar{h}\sigma(r)$ 的所有根 r_j 都满足 $|r_j| < 1, j = 1, \cdots, k$, 则称方法关于 $\bar{h}$ 是绝对稳定的; 若对实轴上的某区间 (或复平面上某区域) 内的任意 $\bar{h}$, 方法都是绝对稳定的, 则称此区间 (或区域) 为绝对稳定区间 (或区域).

由于方法的绝对稳定区域性质取决于多项式 $S(\lambda,\bar{h})=p(r)-\bar{h}\sigma(r)$ 的根的性质, 所以把 $S(\lambda,\bar{h})$ 称为式 (1.7.11) 的稳定多项式.

例 Simpson 方法的数值稳定性.

解 一般 Simpson 方法

$$y_{k+1}=y_{k-1}+\frac{h}{3}(f_{k+1}+4f_k+f_{k-1})$$

的特征方程为

$$\left(1-\frac{\bar{h}}{3}\right)r^2-\frac{4}{3}\bar{h}r-\left(1+\frac{\bar{h}}{3}\right)=0,$$

其两个根为

$$r=\frac{\frac{2}{3}\bar{h}\pm\sqrt{1+\frac{1}{3}\bar{h}^2}}{1-\frac{1}{3}\bar{h}}.$$

总有一个根的模大于 1. 所以 Simpson 方法是方法稳定但数值不稳定的, 不能直接应用.

习 题 1

1. 分别利用显式 Euler 方法和隐式 Euler 方法解初值问题

$$\frac{\mathrm{d}y}{\mathrm{d}x}=y-\frac{2x}{y},\quad y(0)=1$$

在点 $x=1,5,10$ 处的解, 并与精确解比较, 步长分别取 $h=0.1$ 和 $h=0.5$.

2. 对隐式 Euler 公式推导局部截断误差及其主项, 并指出该方法是几阶的.

3. 利用梯形方法求解初值问题

$$\frac{\mathrm{d}y}{\mathrm{d}x}=3x-2y,\quad y(0)=1.$$

4. 对梯形公式推导局部截断误差及其主项, 并指出该方法是几阶的.

5. 利用二阶 Runge-Kutta 方法求解初值问题

$$\begin{cases}\dfrac{\mathrm{d}y}{\mathrm{d}x}=x-y+1, & 0\leqslant x\leqslant 2,\\ y(0)=1.\end{cases}$$

6. 利用经典的四阶 Runge-Kutta 方法 ($h=0.05$) 计算初值问题

$$\begin{cases}\dfrac{\mathrm{d}y}{\mathrm{d}x}=-\dfrac{1}{1+x^2}-\dfrac{y}{x}+1, & 1\leqslant x\leqslant 2,\\ y(1)=-1\end{cases}$$

在点 $x = 1.5, 1.8, 2$ 处的近似解.

7. 证明对任意的参数 t, 下列 Runge-Kutta 方法

$$\begin{cases} y_{n+1} = y_n + \dfrac{1}{2}(K_2 + K_3), \\ K_1 = f(x_n + y_n), \\ K_2 = f(x_n + th, y_n + thK_1), \\ K_3 = f(x_n + (1-t)h, y_n + (1-t)hK_1) \end{cases}$$

是二阶的.

8. 已知初值问题

$$\begin{cases} \dfrac{\mathrm{d}y}{\mathrm{d}x} = 2y - 3x^2, \quad 0 \leqslant x \leqslant 2, \\ y(0) = 2, \end{cases}$$

分别利用二阶精确的显式 Adams 和隐式 Adams 方法计算其数值解 (取 $h = 0.1$), 并与精确解作比较.

9. 写出下列二阶线性常系数差分方程

$$y_{m+1} - 2y_m + y_{m-1} = 2h^2 q y_m$$

的通解表达式, 其中 h 和 q 都是实常数, 而 $h > 0$.

第1章电子课件

第 2 章 椭圆型方程的有限差分方法

椭圆型偏微分方程, 简称椭圆型方程, 是一类重要的偏微分方程. 椭圆型方程在流体力学、弹性力学、电磁学、几何学和变分法中都有应用. 这类方程主要用来描述物理的平衡稳定状态, 如定常状态下的电磁场、引力场和反应扩散现象等. Laplace (拉普拉斯) 方程是椭圆型方程最典型的特例.

椭圆型方程边值问题的精确解只在一些特殊的情况下可以求得. 有些问题即使求得了它的解析解, 计算往往也很复杂. 因此必须给出这类问题的近似解.

2.1 节以 Poisson (泊松) 方程的第一边值问题为例, 介绍了二阶椭圆型偏微分方程的五点差分格式的相关内容. 首先, 给出利用差商代替导数的方法及相应结论; 对求解区域进行网格剖分, 从而对区域内网格的交点、网格与区域边界的交点进行分类并建立相应的差分格式; 介绍极值原理与最大先验估计式. 然后, 给出 Poisson 方程的第一边值问题的五点差分格式的最终形式, 并利用第一部分中的极值原理与最大先验估计式说明五点差分格式的稳定性, 进而通过误差分析证明其收敛性. 最后, 通过具体的实例, 给出求解过程; 进一步利用 Matlab 编程, 直观地给出在五点差分格式下所求得的数值解与解析解的曲线对比图.

2.2 节给出了三类边值条件的离散化方法, 分别对矩形区域、一般区域进行不同的处理.

2.3 节介绍了收敛速度估计的另一个重要方法——先验估计法, 类似于理论解的先验估计法, 引入能量泛函的方法进行数值解的先验估计, 并对收敛速度进行估计.

2.1 五点差分格式

考虑二维 Poisson 方程的 Dirichlet (狄利克雷) 边值问题

$$-\Delta u = f(x,y), \quad (x,y) \in \Omega, \tag{2.1.1}$$

$$u = \varphi(x,y), \quad (x,y) \in \Gamma, \tag{2.1.2}$$

其中 $\Delta u = \dfrac{\partial^2 u}{\partial x^2} + \dfrac{\partial^2 u}{\partial y^2}$, Γ 是二维有界区域 Ω 的边界, u 是 x, y 的函数 $u(x,y)$. 为简单起见, 只考虑 Ω 为矩形区域 $\Omega = \{(x,y)\,|0 < x < a, 0 < y < a\}$ 的情形.

2.1.1　差分格式的建立

将区间 $[0,a]$ 作 m 等分, 记 $h_1=a/m, x_i=ih_1, 0\leqslant i\leqslant m$; 将区间 $[0,a]$ 作 n 等分, 记 $h_2=a/n, y_i=jh_2, 0\leqslant j\leqslant n$. 称 h_1 为 x 方向的步长, h_2 为 y 方向的步长. 用两簇平行线

$$x=x_i,\quad 0\leqslant i\leqslant m,$$

$$y=y_j,\quad 0\leqslant j\leqslant n$$

对区域 Ω 做剖分:

$$x_i=ih_1,\quad y_j=jh_2.$$

记

$$\Omega_h=\left\{(x_i,y_j)\,|0\leqslant i\leqslant m, 0\leqslant j\leqslant n\right\},$$

称之为属于 Ω 的节点. 称

$$\mathring{\Omega}_h=\{(x_i,y_j)|1\leqslant i\leqslant m-1, 1\leqslant j\leqslant n-1\}$$

为内节点. 称位于 Γ 上的节点

$$\Gamma_h=\Omega_h\backslash\mathring{\Omega}_h$$

为边界节点. 显然 $\Omega_h=\mathring{\Omega}_h\cup\Gamma_h$. 为方便起见, 记

$$\omega=\left\{(i,j)|(x_i,y_j)\in\mathring{\Omega}_h\right\},\quad \gamma=\left\{(i,j)|(x_i,y_j)\in\Gamma_h\right\}.$$

对内点与区域 Ω 的边界与网格的交点作如下分类:

(1) 正则内点: 与之相邻的四个交点均为内点, 如图 2.1 中心的九个点;

(2) 非正则内点: 若内点不是正则内点;

(3) 边界点: 区域 Ω 的边界 Γ 与两族网线的交点.

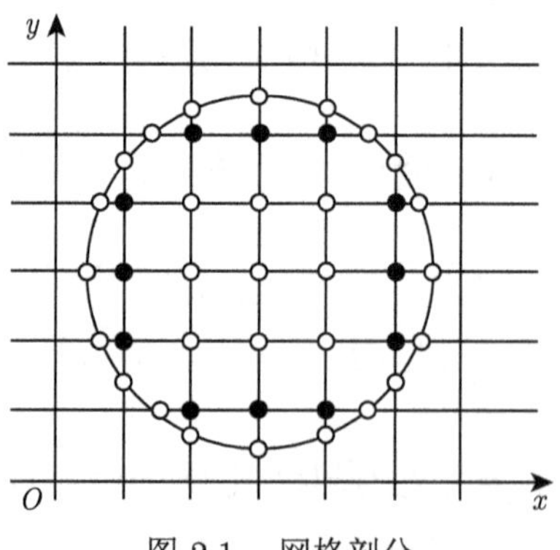

图 2.1　网格剖分

记

$$S_h = \{v|v = \{v_{ij}|0 \leqslant i \leqslant m, 0 \leqslant j \leqslant n\} \text{ 为 } \Omega_h \text{ 上的网格函数}\}.$$

设 $v = \{v_{ij}\,|0 \leqslant i \leqslant m, 0 \leqslant j \leqslant n\} \in S_h$, 引进如下记号:

$$D_x v_{ij} = \frac{1}{h_1}(v_{i+1,j} - v_{ij}), \qquad D_{\bar{x}} v_{ij} = \frac{1}{h_1}(v_{i,j} - v_{i-1,j}),$$

$$D_y v_{ij} = \frac{1}{h_2}(v_{i,j+1} - v_{ij}), \qquad D_{\bar{y}} v_{ij} = \frac{1}{h_2}(v_{i,j} - v_{i,j-1}),$$

$$\delta_x^2 v_{ij} = \frac{1}{h_1}(D_x v_{ij} - D_{\bar{x}} v_{ij}), \quad \delta_y^2 v_{ij} = \frac{1}{h_2}(D_y v_{ij} - D_{\bar{y}} v_{ij}).$$

设

$$U = \{U_{ij}|0 \leqslant i \leqslant m, 0 \leqslant j \leqslant n\} \in S_h,$$

其中

$$U_{ij} = u(x_i, y_j), \quad 0 \leqslant i \leqslant m, \quad 0 \leqslant j \leqslant n.$$

在节点处考虑初边值问题 (2.1.1), (2.1.2), 有

$$-\left[\frac{\partial^2 u}{\partial x^2}(x_i, y_j) + \frac{\partial^2 u}{\partial y^2}(x_i, y_j)\right] = f(x_i, y_j), \quad (i,j) \in \omega, \tag{2.1.3}$$

$$u(x_i, y_j) = \varphi(x_i, y_j), \quad (i,j) \in \gamma. \tag{2.1.4}$$

设 $u(x,y) \in C^4([0,a] \times [0,a])$, 则由 Taylor 展式有

$$\begin{aligned}
&\frac{1}{h_1^2}\left[u(x_{i-1}, y_j) - 2u(x_i, y_j) + u(x_{i+1}, y_j)\right] \\
=& \frac{\partial^2 u}{\partial x^2}(x_i, y_j) + \frac{h_1^2}{24}\frac{\partial^4 u}{\partial x^4}(\xi_{ij}, y_j) + \frac{h_1^2}{24}\frac{\partial^4 u}{\partial x^4}(\bar{\xi}_{ij}, y_j), \quad x_{i-1} < \xi_{ij}, \bar{\xi}_{ij} < x_{i+1}; \\
&\frac{1}{h_2^2}\left[u(x_i, y_{j-1}) - 2u(x_i, y_j) + u(x_i, y_{j+1})\right] \\
=& \frac{\partial^2 u}{\partial y^2}(x_i, y_j) + \frac{h_2^2}{24}\frac{\partial^4 u}{\partial y^4}(x_i, \eta_{ij}) + \frac{h_2^2}{24}\frac{\partial^4 u}{\partial y^4}(x_i, \bar{\eta}_{ij}), \quad y_{j-1} < \eta_{ij}, \bar{\eta}_{ij} < y_{j+1}.
\end{aligned}$$

将以上两式代入 (2.1.3), 可得

$$-(\delta_x^2 U_{ij} + \delta_y^2 U_{ij}) = f(x_i, y_j) + R_{ij}, \quad (i,j) \in \omega, \tag{2.1.5}$$

$$U_{ij} = \varphi(x_i, y_j), \quad (i,j) \in \gamma, \tag{2.1.6}$$

其中

$$R_{ij}=-\frac{h_1^2}{24}\frac{\partial^4 u(\xi_{ij},y_j)}{\partial x^4}-\frac{h_1^2}{24}\frac{\partial^4 u(\bar{\xi}_{ij},y_j)}{\partial x^4}-\frac{h_2^2}{24}\frac{\partial^4 u(x_i,\eta_{ij})}{\partial y^4}-\frac{h_2^2}{24}\frac{\partial^4 u(x_i,\bar{\eta}_{ij})}{\partial y^4}, \tag{2.1.7}$$

可得如下差分格式

$$-(\delta_x^2 U_{ij}+\delta_y^2 U_{ij})=f(x_i,y_j),\quad (i,j)\in\omega, \tag{2.1.8}$$

$$U_{ij}=\varphi(x_i,y_j),\quad (i,j)\in\gamma. \tag{2.1.9}$$

称 R_{ij} 为差分格式 (2.1.8) 的**局部截断误差**, 它反映了差分格式 (2.1.8) 对精确解的满足程度, 即 R_{ij} 为差分格式 (2.1.8) 用精确解代替近似解后等式两边之差

$$\begin{aligned}R_{ij}=&-\frac{1}{h_1^2}\left[u(x_{i-1},y_j)-2u(x_i,y_j)+u(x_{i+1},y_j)\right]\\&-\frac{1}{h_2^2}\left[u(x_i,y_{j-1})-2u(x_i,y_j)+u(x_i,y_{j+1})\right]-f(x_i,y_j),\end{aligned}$$

显然

$$|R_{ij}|=O(h_1^2+h_2^2),\quad 1\leqslant i\leqslant m-1,\quad 1\leqslant j\leqslant n-1.$$

2.1.2 差分格式解的存在性

首先我们给出差分算子的极值原理.

设 $v=\{v_{ij}|0\leqslant i\leqslant m,0\leqslant j\leqslant n\}$ 为 Ω_h 上的网格函数, 记

$$(L_h v)_{ij}=-(\delta_x^2 v_{ij}+\delta_y^2 v_{ij}),\quad (i,j)\in\omega.$$

定理 2.1.1 (极值原理) 设 $v=\{v_{ij}\,|0\leqslant i\leqslant m,0\leqslant j\leqslant n\}$ 为 Ω_h 上的网格函数. 如果

$$(L_h v)_{ij}\leqslant 0,\quad (i,j)\in\omega,$$

则有

$$\max_{(i,j)\in\omega} v_{ij}\leqslant \max_{(i,j)\in\gamma} v_{ij}.$$

证明 用反证法. 设

$$\max_{(i,j)\in\omega} v_{ij}> \max_{(i,j)\in\gamma} v_{ij},$$

且 $\max\limits_{(i,j)\in\omega} v_{ij}=M$, 则一定存在 $(i_0,j_0)\in\omega$, 使得 $v_{i_0,j_0}=M$, 且 $M\geqslant v_{ij},(i,j)\in w$ 和 $M>v_{ij},(i,j)\in\gamma$. 由假定

$$(L_h v)_{i_0,j_0}=\left(\frac{2}{h_1^2}+\frac{2}{h_2^2}\right)v_{i_0,j_0}-\frac{1}{h_1^2}(v_{i_0-1,j_0}+v_{i_0+1,j_0})-\frac{1}{h_2^2}(v_{i_0,j_0-1}+v_{i_0,j_0+1})\leqslant 0$$

可得

$$\begin{aligned}\left(\frac{2}{h_1^2}+\frac{2}{h_2^2}\right)M &= \left(\frac{2}{h_1^2}+\frac{2}{h_2^2}\right)v_{i_0,j_0}\\ &\leqslant \frac{1}{h_1^2}(v_{i_0-1,j_0}+v_{i_0+1,j_0})+\frac{1}{h_2^2}(v_{i_0,j_0-1}+v_{i_0,j_0+1})\\ &\leqslant \left(\frac{2}{h_1^2}+\frac{2}{h_2^2}\right)M,\end{aligned}$$

因此 v_{i_0-1,j_0}, v_{i_0+1,j_0}, v_{i_0,j_0-1} 和 v_{i_0,j_0+1} 全部等于 M. 对于 v_{i_0-1,j_0}, v_{i_0+1,j_0}, v_{i_0,j_0-1} 和 v_{i_0,j_0+1} 中任意一个点按照上述证明可得出相同的结论. 一直继续这个过程可得

$$v_{ij}\equiv M,\quad \forall(i,j)\in\omega\cup\gamma,$$

这与假设 $M>v_{ij}, (i,j)\in\gamma$ 矛盾. □

定理 2.1.2 差分格式 (2.1.8), (2.1.9) 存在唯一解.

证明 由于差分格式 (2.1.8), (2.1.9) 是线性的, 只需证明对应的齐次方程组

$$-(\delta_x^2 U_{ij}+\delta_y^2 U_{ij})=0,\quad (i,j)\in\omega, \tag{2.1.10}$$

$$U_{ij}=0,\quad (i,j)\in\gamma \tag{2.1.11}$$

只有零解.

根据定理 2.1.1, $\max\limits_{(i,j)\in\omega} U_{ij}\leqslant \max\limits_{(i,j)\in\gamma} U_{ij}$. 由 (2.1.11) 知

$$\max_{(i,j)\in\omega} U_{ij}\leqslant 0.$$

同时由于

$$-(\delta_x^2 U_{ij}+\delta_y^2 U_{ij})=0,\quad (i,j)\in\omega,$$

$$U_{ij}=0,\quad (i,j)\in\gamma,$$

类似利用极值原理可得

$$\max_{(i,j)\in\omega} U_{ij}\geqslant 0.$$

故 $\max\limits_{(i,j)\in\omega} U_{ij}=0$. 因而差分格式 (2.1.8), (2.1.9) 存在唯一零解. □

2.1.3　差分格式的求解

差分格式 (2.1.8), (2.1.9) 是以 $\{u_{ij}\,|1 \leqslant i \leqslant m-1, 1 \leqslant j \leqslant n-1\}$ 为未知量的线性方程组. (2.1.8) 可改写为

$$-\frac{1}{h_2^2}u_{i,j-1} - \frac{1}{h_1^2}u_{i-1,j} + \left(\frac{2}{h_1^2} + \frac{2}{h_2^2}\right)u_{i,j} - \frac{1}{h_2^2}u_{i,j+1} - \frac{1}{h_1^2}u_{i+1,j} = f(x_i, y_j),$$
$$1 \leqslant i \leqslant m-1, \quad 1 \leqslant j \leqslant n-1. \tag{2.1.12}$$

记

$$u_j = \begin{pmatrix} u_{1j} \\ u_{2j} \\ \vdots \\ u_{m-1,j} \end{pmatrix}, \quad 0 \leqslant j \leqslant n.$$

利用 (2.1.9) 可将 (2.1.12) 写为

$$Du_{j-1} + Cu_j + Du_{j+1} = f_j, \quad 1 \leqslant j \leqslant n-1, \tag{2.1.13}$$

其中

$$C = \begin{pmatrix} \frac{2}{h_1^2} + \frac{2}{h_2^2} & -\frac{1}{h_1^2} & & & \\ -\frac{1}{h_1^2} & \frac{2}{h_1^2} + \frac{2}{h_2^2} & -\frac{1}{h_1^2} & & \\ & \ddots & \ddots & \ddots & \\ & & -\frac{1}{h_1^2} & \frac{2}{h_1^2} + \frac{2}{h_2^2} & -\frac{1}{h_1^2} \\ & & & -\frac{1}{h_1^2} & \frac{2}{h_1^2} + \frac{2}{h_2^2} \end{pmatrix},$$

$$D = \begin{pmatrix} -\frac{1}{h_2^2} & & & & \\ & -\frac{1}{h_2^2} & & & \\ & & \ddots & & \\ & & & -\frac{1}{h_2^2} & \\ & & & & -\frac{1}{h_2^2} \end{pmatrix},$$

$$f_j = \begin{pmatrix} f(x_1, y_j) + \dfrac{1}{h_1^2}\varphi(x_0, y_j) \\ f(x_2, y_j) \\ \vdots \\ f(x_{m-2}, y_j) \\ f(x_{m-1}, y_j) + \dfrac{1}{h_1^2}\varphi(x_m, y_j) \end{pmatrix}.$$

(2.2.13) 式可进一步写为

$$\begin{pmatrix} C & D & & & \\ D & C & D & & \\ & \ddots & \ddots & \ddots & \\ & & D & C & D \\ & & & D & C \end{pmatrix} \begin{pmatrix} u_1 \\ u_2 \\ \vdots \\ u_{m-2} \\ u_{m-1} \end{pmatrix} = \begin{pmatrix} f_1 - Du_0 \\ f_2 \\ \vdots \\ f_{n-2} \\ f_{n-1} - Du_n \end{pmatrix}. \tag{2.1.14}$$

我们可以证明系数矩阵是正定的, 因此 (2.1.14) 是可解的.

实际上系数矩阵具有下列性质:

(1) 系数矩阵的每行最多有五个非零元素, 所以为**稀疏矩阵.** 非零元素越 "靠近" 对角线, 对于消元法越有利.

(2) 系数矩阵的对角元素是正的, 非对角元素是非正的, 非对角元素绝对值之和不超过对角元素, 这对建立迭代法很重要.

(3) 矩阵是对称的.

系数矩阵的这些性质将使得线性方程组的求解更方便.

2.1.4 差分格式解的收敛性和稳定性

差分方程解的收敛性是指当步长 $h_1, h_2 \to 0$ 时, 差分方程的解逼近于微分方程的解.

首先给出差分方程组

$$-(\delta_x^2 v_{ij} + \delta_y^2 v_{ij}) = 0, \quad (i,j) \in \omega, \tag{2.1.15}$$

$$v_{ij} = \varphi_{ij}, \quad (i,j) \in \gamma \tag{2.1.16}$$

的先验估计.

定理 2.1.3 设 $\{v_{ij}\}$ 为定义在 Ω_h 上的网格函数, 则有

$$\max_{(i,j)\in\omega} |v_{ij}| \leqslant \max_{(i,j)\in\gamma} |v_{ij}| + a^2 \max_{(i,j)\in\omega} |L_h v_{ij}|.$$

证明　选取试验函数

$$P(x,y)=\frac{x^2}{2}.$$

定义常数

$$C=\max_{(i,j)\in\omega}|L_h v_{ij}|,$$

由此定义 Ω_h 上的网格函数

$$w_{ij}=\frac{1}{2}CP(x_i,y_j),\quad (i,j)\in\omega\cup\gamma,$$

显然

$$a^2C\geqslant w_{ij}\geqslant 0,\quad (i,j)\in\omega\cup\gamma,$$

$$L_h(w)_{ij}=C\geqslant 0,\quad (i,j)\in\omega,$$

因而

$$L_h(\pm v-w)_{ij}=\pm(L_h v)_{ij}-(L_h w)_{ij}\leqslant 0,\quad (i,j)\in\omega.$$

由定理 2.1.1 知

$$\max_{(i,j)\in\omega}(\pm v-w)_{ij}\leqslant\max_{(i,j)\in\gamma}(\pm v-w)_{ij}\leqslant\max_{(i,j)\in\gamma}|\pm v_{ij}|+\max_{(i,j)\in\gamma}(-w_{ij})\leqslant\max_{(i,j)\in\gamma}|v_{ij}|.$$

于是

$$\begin{aligned}\max_{(i,j)\in\omega}(\pm v)_{ij}&=\max_{(i,j)\in\omega}(\pm v-w+w)_{ij}\\&\leqslant\max_{(i,j)\in\omega}(\pm v-w)_{ij}+\max_{(i,j)\in\omega}w_{ij}\\&\leqslant\max_{(i,j)\in\omega}|v_{ij}|+\max_{(i,j)\in\omega}w_{ij}\\&\leqslant\max_{(i,j)\in\omega}|v_{ij}|+\frac{a^2}{2}C.\end{aligned}$$

□

根据先验估计, 我们很容易得到差分方程解的收敛性.

定理 2.1.4　设 $u(x,y)$ 是定解问题 (2.1.1), (2.1.2) 的解, $u(x,y)$ 在 $\bar{\Omega}$ 具有四阶连续的偏导数, $\{u_{ij}|0\leqslant i\leqslant m,0\leqslant j\leqslant n\}$ 为五点差分格式 (2.1.8), (2.1.9) 的解, 则有

$$\max_{(i,j)\in\omega}|u(x_i,y_j)-u_{ij}|\leqslant\frac{K}{12}a^2(h_1^2+h_2^2),$$

这里 $K=\max\left\{\max\limits_{(x,y)\in\bar{\Omega}}\left|\dfrac{\partial^4 u(x,y)}{\partial x^4}\right|,\max\limits_{(x,y)\in\bar{\Omega}}\left|\dfrac{\partial^4 u(x,y)}{\partial y^4}\right|\right\}$.

证明 记

$$e_{ij}=u(x_i,y_j)-u_{ij},\quad (i,j)\in\omega\cup\gamma,$$

将 (2.1.5), (2.1.6) 分别与 (2.1.8), (2.1.9) 相减, 得误差方程

$$-(\delta_x^2 e_{ij}+\delta_y^2 e_{ij})=R_{ij},\quad (i,j)\in\omega, \tag{2.1.17}$$

$$e_{ij}=0,\quad (i,j)\in\gamma, \tag{2.1.18}$$

其中 R_{ij} 由 (2.1.7) 定义.

$$\begin{aligned}|R_{ij}|&=\left|-\frac{h_1^2}{24}\frac{\partial^4 u(\xi_{ij},y_j)}{\partial x^4}-\frac{h_1^2}{24}\frac{\partial^4 u(\bar{\xi}_{ij},y_j)}{\partial x^4}-\frac{h_2^2}{24}\frac{\partial^4 u(x_i,\eta_{ij})}{\partial y^4}-\frac{h_2^2}{24}\frac{\partial^4 u(x_i,\bar{\eta}_{ij})}{\partial y^4}\right|\\&\leqslant\left|-\frac{h_1^2}{12}\frac{\partial^4 u(\bar{\bar{\xi}}_{ij},y_j)}{\partial x^4}-\frac{h_2^2}{12}\frac{\partial^4 u(x_i,\bar{\bar{\eta}}_{ij})}{\partial y^4}\right|\\&\leqslant K\left(\frac{h_1^2}{12}+\frac{h_2^2}{12}\right),\end{aligned}$$

这里 $K=\max\left\{\max\limits_{(x,y)\in\bar{\Omega}}\left|\dfrac{\partial^4 u(x,y)}{\partial x^4}\right|,\max\limits_{(x,y)\in\bar{\Omega}}\left|\dfrac{\partial^4 u(x,y)}{\partial y^4}\right|\right\}$, 应用定理 2.1.3, 有

$$\max_{(i,j)\in\omega}|e_{ij}|\leqslant\frac{a^2}{2}\max_{(i,j)\in\omega}|R_{ij}|\leqslant\frac{K}{12}a^2(h_1^2+h_2^2).$$ □

考虑差分方程的解对右端函数和边界值函数的稳定性. 在计算过程中右端函数和边界值函数的误差将会导致差分方程中数值解出现误差. 所谓稳定性是指当在某种意义下右端函数和边界函数误差充分小时可得差分方程的数值解误差充分小.

定理 2.1.5 设差分格式 (2.1.8), (2.1.9) 中, 计算右端函数有误差 f_{ij}, 计算边界值有误差 φ_{ij}. 设 $\{\varepsilon_{ij}\}$ 为

$$-(\delta_x^2\varepsilon_{ij}+\delta_y^2\varepsilon_{ij})=f_{ij},\quad (i,j)\in\omega,$$

$$\varepsilon_{ij}=\varphi_{ij},\quad (i,j)\in\gamma$$

的解, 则有

$$\max_{(i,j)\in\omega}|\varepsilon_{ij}|\leqslant\max_{(i,j)\in\gamma}|\varphi_{ij}|+\frac{1}{2}a^2\max_{(i,j)\in\omega}|f_{ij}|.$$

当 $\max\limits_{(i,j)\in\gamma}|\varphi_{ij}|$ 和 $\max\limits_{(i,j)\in\omega}|f_{ij}|$ 为小量时, $\max\limits_{(i,j)\in\omega}|\varepsilon_{ij}|$ 也为小量. 因此称差分格式 (2.1.8) 和 (2.1.9) 关于边界值和右端函数是稳定的.

证明　设 e_{ij} 为差分格式

$$-(\delta_x^2 e_{ij}+\delta_y^2 e_{ij})=f(x_i,y_j)+\bar{f}_{ij},\quad (i,j)\in\omega, \tag{2.1.19}$$

$$e_{ij}=\varphi(x_i,y_j)+\bar{\varphi}_{ij},\quad (i,j)\in\gamma \tag{2.1.20}$$

的解. 将 (2.1.19), (2.1.20) 与 (2.1.8), (2.1.9) 相减, 令 $\varepsilon_{ij}=U_{ij}-e_{ij}$ 得

$$-(\delta_x^2\varepsilon_{ij}+\delta_y^2\varepsilon_{ij})=f_{ij},\quad (i,j)\in\omega, \tag{2.1.21}$$

$$\varepsilon_{ij}=\varphi_{ij},\quad (i,j)\in\gamma. \tag{2.1.22}$$

根据定理 2.1.3 可得

$$\max_{(i,j)\in\omega}|\varepsilon_{ij}|\leqslant\max_{(i,j)\in\gamma}|\varphi_{ij}|+\frac{a^2}{2}\max_{(i,j)\in\omega}|f_{ij}|.$$ □

2.1.5　数值计算与 Matlab 模拟

以下面的 Poisson 方程的第一边值问题为例:

$$\begin{cases}\Delta u=2, & 0<x,y<1,\\ u(0,y)=0, & u(1,y)=1+y,\\ u(x,0)=x^2, & u(x,1)=x^2+x.\end{cases}$$

首先, 取分隔 $h=\tau=\dfrac{1}{3}$, 则求解区域被网格剖分如图 2.2: 有四个非正则内点与 12 个边界点.

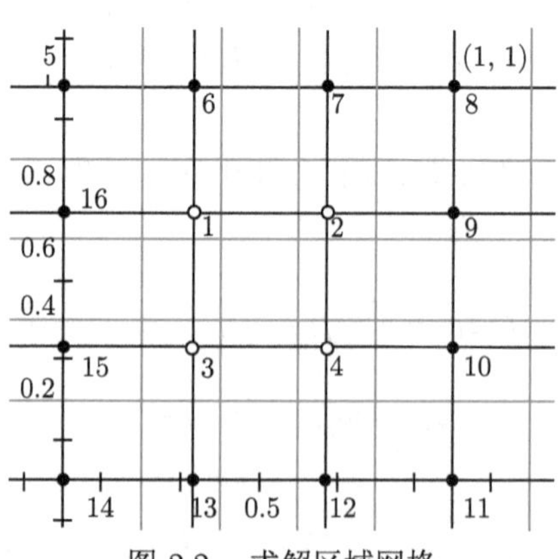

图 2.2　求解区域网格

因此

$$
\begin{cases}
4u_1 - u_2 - u_3 = \dfrac{2}{9} + u_6 + u_{16}, \\
4u_2 - u_1 - u_4 = \dfrac{2}{9} + u_7 + u_9, \\
4u_3 - u_1 - u_4 = \dfrac{2}{9} + u_{13} + u_{15}, \\
4u_4 - u_2 - u_3 = \dfrac{2}{9} + u_{10} + u_{12}, \\
u_5 = 0, u_6 = \dfrac{4}{9}, u_7 = \dfrac{10}{9}, u_8 = 2, u_9 = \dfrac{5}{3}, u_{10} = \dfrac{4}{3}, \\
u_{11} = 1, u_{12} = \dfrac{4}{9}, u_{13} = \dfrac{1}{9}, u_{14} = u_{15} = u_{16} = 0,
\end{cases}
$$

进行整理, 则可求解有

$$
\begin{cases}
4u_1 - u_2 - u_3 = \dfrac{2}{3}, \\
4u_2 - u_1 - u_4 = 3, \\
4u_3 - u_1 - u_4 = \dfrac{1}{3}, \\
4u_4 - u_2 - u_3 = 2
\end{cases}
\Rightarrow u_1 = \frac{5}{9}, \quad u_2 = \frac{10}{9}, \quad u_3 = \frac{4}{9}, \quad u_4 = \frac{8}{9}.
$$

下面利用 Matlab 模拟 (模拟文件见下面的程序), 分别取 $h = \tau = 1/3$ 与 $h = \tau = 1/24$ 模拟作图, 如图 2.3 和图 2.4 所示.

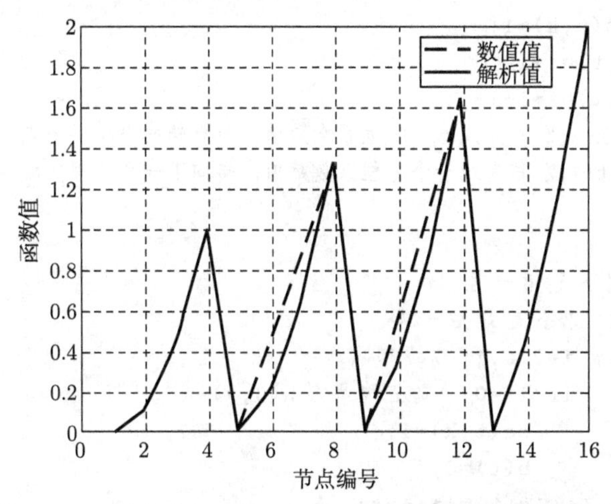

图 2.3 当步长为 $h = \tau = 1/3$ 时, 数值值与解析值的图像

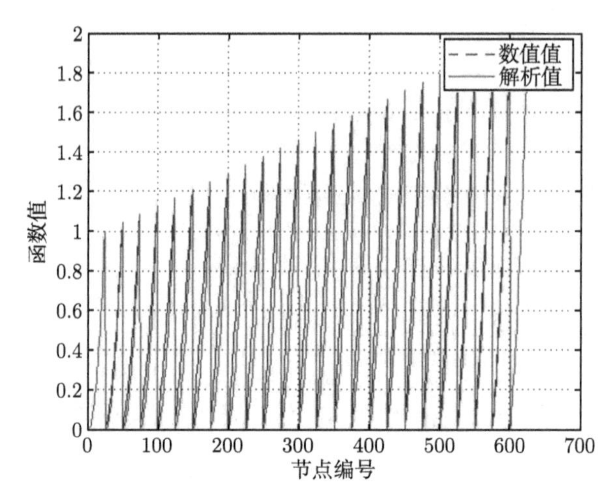

图 2.4 当步长为 $h = \tau = 1/24$ 时, 数值值与解析值的图像

程序如下.

```
function [ s ] = sub(a,b)
t=1; k=1;% t为层数指标 % k为节点数1
m1=1/a;m2=1/b;n=(m1+1)*(m2+1);%n为节点数目
eq(n,n)=0; %作为系数矩阵
b(n,1)=0; %作为方程右端矩阵
c(n,1)=0; %作为真解处的值
for j=0:b:1 %从底层开始编号计算
    if j==0 %在第一层, 则函数值为u(x,0),
        for i=0:a:1
            eq(t,k)=1;
            b(t)=i*i;
            c(t)=i*i+i*j;
            k=k+1;% 每完成一个方程系数赋值, 节点转向下一个节点, 最大值也为 n
            t=t+1;% 每完成一个方程系数赋值, 转向下一个方程, 故 t 最大值为 n
        end
    end
    if j>0  %不是第一层
        if j<1  %不是最后一层
            for i=0:a:1  %逐节点
                if i==0  %左边界值u(0,y)
                    eq(t,k)=1;
                    b(t)=0;
                    c(t)=i*i+i*j;
                    k=k+1;
```

```
                        t=t+1;
                    end
                    if i>0   %非左边边界
                        if i<1   %非右边边界进行五个节点处的赋值
                            eq(t,k-1)=-1;
                            eq(t,k+1)=-1;
                            eq(t,k+m1+1)=-1;
                            eq(t,k-m1-1)=-1;
                            eq(t,k)=4;
                            b(t)=2*a^2;
                            c(t)=i*i+i*j;
                            k=k+1;
                            t=t+1;
                        end
                    end
                    if i==1  %右边界值u(1,y)
                        eq(t,k)=1;
                        b(t)=1+j;
                        c(t)=i*i+i*j;
                        k=k+1;
                        t=t+1;
                    end
                end
            end
        end
        if j==1  %上边界值u(x,1)
            for i=0:a:1
                eq(t,k)=1;
                b(t)=i*i+i;
                c(t)=i*i+i*j;
                k=k+1;
                t=t+1;
            end
        end
    end
    s=[inv(eq)*b,c];
    for i=1:1:n
        x(i)=i;
    end
    plot(x,s);
```

2.2 边界条件离散化

本节我们考虑边界条件的离散化. 椭圆型偏微分方程有三类边界条件具体如下:

第一类边界条件 (Dirichlet 边界条件)

$$u(x,y)=g(x,y),\quad (x,y)\in\Gamma. \tag{2.2.1}$$

第二类边界条件 (Neumann (诺依曼) 边界条件)

$$\frac{\partial u}{\partial n}=\alpha(x,y),\quad (x,y)\in\Gamma. \tag{2.2.2}$$

第三类边界条件 (Robin 边界条件)

$$\frac{\partial u}{\partial n}+\lambda u=\beta(x,y),\quad (x,y)\in\Gamma. \tag{2.2.3}$$

2.2.1 矩形区域

对第一类边界条件已经讨论过.

当 (2.2.3) 式中 $\lambda=0$ 时, 第三类边界条件就变成了第二类边界条件, 因此我们只需处理第三类边界条件. 先把网格扩充到 Ω_h 之外, 在 Ω_h 四周增加一排节点 (2.2.3) 可以离散为

$$\frac{u_{i+2,j}-u_{ij}}{2h_1}+\lambda_{i+1,j}u_{i+1,j}=\beta_{i+1,j},\quad 0\leqslant j\leqslant n,$$

$$\frac{u_{-1,j}-u_{1,j}}{2h_1}+\lambda_{0,j}u_{0,j}=\beta_{0,j},\quad 0\leqslant j\leqslant n,$$

$$\frac{u_{i,j+2}-u_{ij}}{2h_2}+\lambda_{i,j+1}u_{i,j+1}=\beta_{i,j+1},\quad 0\leqslant i\leqslant m,$$

$$\frac{u_{i,-1}-u_{i1}}{2h_2}+\lambda_{i,0}u_{i,0}=\beta_{i,0},\quad 0\leqslant i\leqslant m.$$

2.2.2 一般区域

如果区域 Ω 是由一般的曲线边界围成的区域, 用两簇平行线

$$x=x_i,\quad 0\leqslant i\leqslant m,\quad y=y_j,\quad 0\leqslant j\leqslant n,$$

$$x_i=ih_1,\quad y_j=jh_2$$

对区域 Ω 做剖分. 可以看出 Γ_h 的点不可能全部落在 Γ 上了, 因此有些点需要转换. 由于边界条件从 Γ 转到 Γ_h 上有误差, 尽可能使得 Ω_h 逼近 Ω.

先讨论第一边界条件 $u(x,y)=g(x,y),(x,y)\in\Gamma$. 可以用直接转移法. 如果 $\forall p_0=(x_{i_0},y_{j_0})\in\Gamma_h$ 且 $p_0\in\Gamma$, 直接取 $u(p_0)=g(x_i,y_j)$. 如果 $\forall p_0=(x_{i_0},y_{j_0})\in\Gamma_h$ 且 $p_0\notin\Gamma$, 可以在 Γ 与网格线的交点中取与 p_0 最近的一点 p, 即取 $u(p_0)=g(p)$. 这种方法有些时候误差比较大, 为了提高精度, 可以采用线性插值法. 取网格上与 p 相邻的两个点 $T_1=(x_{i_0},y_{j_0-1}),T_2=(x_{i_0},y_{j_0+1})$, 不妨设 $|p_0T_1|<h_2$, 取

$$u(p_0)=\frac{h_2}{h_2+|p_0T_1|}u_{i_0,j_0-1}+\frac{|p_0T_1|}{|p_0T_1|+h_2}u_{i_0,j_0+1}.$$

由于第二类边界条件是第三类边界条件的特例, 我们只需要讨论第三类边界条件:

$$\frac{\partial u}{\partial n}+\lambda u=\beta(x,y),\quad (x,y)\in\Gamma.$$

下面分两种情况讨论:

(1) $\forall p_0=(x_{i_0},y_{j_0})\in\Gamma_h$ 且 $p_0\in\Gamma$.

如果外法线方向与坐标轴平行, 比如 $\dfrac{\partial u}{\partial n}=-\dfrac{\partial u}{\partial x}$, 可取

$$\frac{u(x_{i_0},y_{j_0})-u(x_{i_0+1},y_{j_0})}{h_1}+\lambda u(x_{i_0},y_{j_0})=\beta(x_{i_0},y_{j_0}).$$

其他情况可类似处理.

如果外法线不与坐标轴平行, 利用公式

$$\frac{\partial u}{\partial n}=\frac{\partial u}{\partial x}\cos(n,x)+\frac{\partial u}{\partial y}\cos(n,y).$$

类似地, 用差分逼近偏导代入上式可得.

(2) $\forall P=(x_{i_0},y_{j_0})\in\Gamma_h$ 且 $P\notin\Gamma$.

过 P 点作 Γ 的外法线交 Γ 于 Q, 交内部网格线 MN 于 S (图 2.5).

边界条件可离散为

$$\frac{u(P)-u(S)}{\delta h}+\lambda u(Q)=\beta(Q),$$

这里 $\delta=\dfrac{|PS|}{\sqrt{h_1^2+h_2^2}}$.

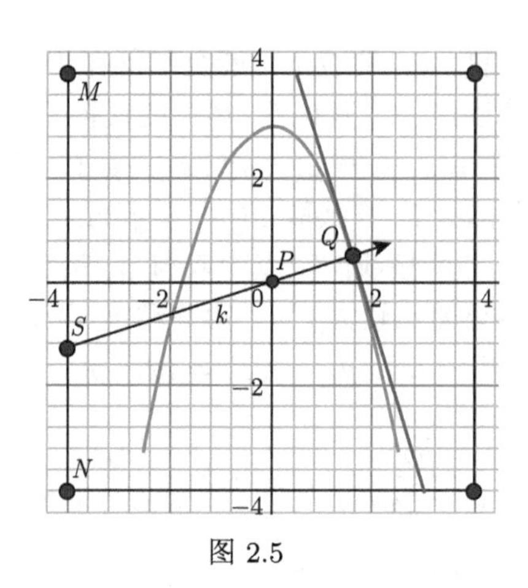

图 2.5

2.3 先 验 估 计

本节以二维 Poisson 方程 Dirichlet 零边值问题的差分格式为例, 介绍收敛速度估计的另一个重要的方法——先验估计法. 考虑

$$-\Delta u = f(x,y), \quad (x,y) \in \Omega, \tag{2.3.1}$$

$$u = 0, \quad (x,y) \in \Gamma, \tag{2.3.2}$$

其中 $\Delta u = \dfrac{\partial^2 u}{\partial x^2} + \dfrac{\partial^2 u}{\partial y^2}$. 为简单起见, 只考虑 Ω 为矩形区域

$$\Omega = \{(x,y) \mid 0 < x < a, 0 < y < a\}.$$

(2.3.1), (2.3.2) 对应的差分方程如下

$$-(\delta_x^2 U_{ij} + \delta_y^2 U_{ij}) = f(x_i, y_j), \quad (i,j) \in \omega,$$

$$U_{ij} = \varphi(x_i, y_j), \quad (i,j) \in \gamma.$$

记

$$V_h = \{v | v = \{v_{ij}, 0 \leqslant i \leqslant m, 0 \leqslant j \leqslant n\}\}, \quad \text{其中 } v_{ij} \text{ 为 } \Omega_h \text{ 上的网格函数.}$$

记

$$\tilde{V}_h = \{v | v \in V_h, v_{ij} = 0, \forall (i,j) \in \Gamma\}.$$

设 $v = \{v_{ij} | 0 \leqslant i \leqslant m, 0 \leqslant j \leqslant n\} \in \tilde{V}_h$, 引进如下记号:

$$\delta_x v_{i+\frac{1}{2},j} = \frac{1}{h_1}(v_{i+1,j} - v_{ij}), \quad \delta_y v_{i,j+\frac{1}{2}} = \frac{1}{h_2}(v_{i,j+1} - v_{ij}),$$

可以推出

$$\delta_x^2 v_{ij} = \frac{1}{h_1}\left(\delta_x v_{i+\frac{1}{2},j} - \delta_x v_{i-\frac{1}{2},j}\right), \quad \delta_y^2 v_{ij} = \frac{1}{h_2}\left(\delta_y v_{i,j+\frac{1}{2}} - \delta_y v_{i,j-\frac{1}{2}}\right).$$

引进范数: $\forall v \in \tilde{V}_h$, 记

$$\|v\| = \sqrt{h_1 h_2 \sum_{i=1}^{m-1}\sum_{j=1}^{n-1} v_{ij}^2}, \quad \|\delta_x v\| = \sqrt{h_1 h_2 \sum_{i=0}^{m-1}\sum_{j=1}^{n-1}\left(\delta_x v_{i+\frac{1}{2},j}\right)^2},$$

$$\|\delta_y v\| = \sqrt{h_1 h_2 \sum_{i=1}^{m-1}\sum_{j=0}^{n-1}\left(\delta_y v_{i,j+\frac{1}{2}}\right)^2}, \quad |v|_1 = \sqrt{\|\delta_x v\|^2 + \|\delta_y v\|^2},$$

$$\|v\|_1 = \sqrt{\|v\|^2 + |v|_1^2},$$

这里 $\|v\|$ 为 2 范数, $\|v\|_1$ 成为 H^1 范数, $|v|_1$ 称为差商的 2 范数.

引理 2.3.1 $\forall v \in \tilde{V}_h$, 下列不等式成立:

$$\|v\|^2 \leqslant \frac{a^2}{12}|v|_1^2. \tag{2.3.3}$$

证明 由于

$$v_{ij} = \sum_{s=1}^{i}(v_{sj} - v_{s-1,j}) = h_1 \sum_{s=1}^{i} \delta_x v_{s-\frac{1}{2},j},$$

$$v_{ij} = -\sum_{s=i+1}^{m}(v_{sj} - v_{s-1,j}) = -h_1 \sum_{s=i+1}^{m} \delta_x v_{s-\frac{1}{2},j},$$

将上面两个公式分别平方, 引用 Cauchy-Schwarz (柯西-施瓦茨) 不等式, 可得

$$(v_{ij})^2 \leqslant \left(h_1 \sum_{s=1}^{i} 1^2\right) h_1 \sum_{s=1}^{i}\left(\delta_x v_{s-\frac{1}{2},j}\right)^2 = x_i h_1 \sum_{s=1}^{i}\left(\delta_x v_{s-\frac{1}{2},j}\right)^2, \tag{2.3.4}$$

$$(v_{ij})^2 \leqslant \left(h_1 \sum_{s=i+1}^{m} 1^2\right) h_1 \sum_{s=i+1}^{m}\left(\delta_x v_{s-\frac{1}{2},j}\right)^2 = (a - x_i) h_1 \sum_{s=i+1}^{m}\left(\delta_x v_{s-\frac{1}{2},j}\right)^2, \tag{2.3.5}$$

将 (2.3.4) 乘以 $(a - x_i)$, (2.3.5) 乘以 x_i 后两式相加得

$$a(v_{ij})^2 \leqslant x_i(a - x_i) h_1 \sum_{s=1}^{m}\left(\delta_x v_{s-\frac{1}{2},j}\right)^2 \leqslant \frac{a^2}{4} h_1 \sum_{s=1}^{m}\left(\delta_x v_{s-\frac{1}{2},j}\right)^2,$$

$$
\begin{aligned}
ah_2h_1\sum_{i=1}^{m-1}(v_{ij})^2 &\leqslant h_1h_2\sum_{i=1}^{m-1}x_i(a-x_i)h_1\sum_{s=1}^{m}\left(\delta_x v_{s-\frac{1}{2},j}\right)^2\\
&\leqslant h_1h_2\sum_{i=1}^{m-1}i(m-i)h_1^3\sum_{s=1}^{m}\left(\delta_x v_{s-\frac{1}{2},j}\right)^2\\
&\leqslant h_1h_2\frac{m(m^2-1)}{6}h_1^3\sum_{s=1}^{m}\left(\delta_x v_{s-\frac{1}{2},j}\right)^2\\
&\leqslant h_1h_2\frac{1}{6}m^3h_1^3\sum_{s=1}^{m}\left(\delta_x v_{s-\frac{1}{2},j}\right)^2\\
&= h_1h_2\frac{1}{6}a^3\sum_{s=1}^{m}\left(\delta_x v_{s-\frac{1}{2},j}\right)^2,
\end{aligned}
$$

于是有

$$
h_2h_1\sum_{j=1}^{n-1}\sum_{i=1}^{m-1}(v_{ij})^2\leqslant h_1h_2\frac{1}{6}a^2\sum_{j=1}^{n-1}\sum_{i=0}^{m-1}\left(\delta_x v_{i+\frac{1}{2},j}\right)^2. \tag{2.3.6}
$$

类似可得

$$
h_2h_1\sum_{j=1}^{n-1}\sum_{i=1}^{m-1}(v_{ij})^2\leqslant h_1h_2\frac{1}{6}a^2\sum_{j=0}^{n-1}\sum_{i=1}^{m-1}\left(\delta_y v_{i,j+\frac{1}{2}}\right)^2. \tag{2.3.7}
$$

由 (2.3.6) 和 (2.3.7) 可得证. □

定理 2.3.1　设 $U_{i,j}$ 是如下方程

$$
-(\delta_x^2U_{ij}+\delta_y^2U_{ij})=f(x_i,y_j)=f_{ij},\quad (i,j)\in\omega, \tag{2.3.8}
$$

$$
U_{ij}=0,\quad (i,j)\in\gamma \tag{2.3.9}
$$

的解, 则有

$$
|U|_1^2\leqslant\frac{1}{\left(4-\dfrac{a^2}{3}\varepsilon\right)\varepsilon}\|f\|^2,
$$

其中 $0<\varepsilon<\dfrac{12}{a^2}$.

证明　用 $h_1h_2U_{ij}$ 乘以 (2.3.8) 并对 i,j 求和, 得

$$
-h_1h_2\sum_{j=1}^{n-1}\sum_{i=1}^{m-1}U_{ij}(\delta_x^2U_{ij}+\delta_y^2U_{ij})=h_1h_2\sum_{j=1}^{n-1}\sum_{i=1}^{m-1}U_{ij}f_{ij}. \tag{2.3.10}
$$

估计上式两端, 由于

$$
\begin{aligned}
-h_1h_2\sum_{j=1}^{n-1}\sum_{i=1}^{m-1}U_{ij}\delta_x^2U_{ij} &= -h_1^2h_2\sum_{j=1}^{n-1}\sum_{i=1}^{m-1}\left(\delta_xU_{i+\frac{1}{2},j}-\delta_xU_{i-\frac{1}{2},j}\right)U_{ij}\\
&= h_1^2h_2\sum_{j=1}^{n-1}\sum_{i=1}^{m-1}\delta_xU_{i-\frac{1}{2},j}U_{ij}-h_1^2h_2\sum_{j=1}^{n-1}\sum_{i=1}^{m-1}\delta_xU_{i-\frac{1}{2},j}U_{ij}\\
&= h_1^2h_2\sum_{j=1}^{n-1}\sum_{i=1}^{m}\delta_xU_{i-\frac{1}{2},j}(U_{ij}-U_{i-1,j})\\
&= h_1h_2\sum_{j=1}^{n-1}\sum_{i=1}^{m}\left(\delta_xU_{i-\frac{1}{2},j}\right)^2\\
&= h_1h_2\sum_{j=1}^{n-1}\sum_{i=0}^{m-1}\left(\delta_xU_{i+\frac{1}{2},j}\right)^2,
\end{aligned}
$$

类似可得

$$
\begin{aligned}
&-h_1h_2\sum_{j=1}^{n-1}\sum_{i=1}^{m-1}U_{ij}(\delta_x^2U_{ij}+\delta_y^2U_{ij})\\
=&\,h_1h_2\sum_{j=1}^{n-1}\sum_{i=0}^{m-1}\left(\delta_xU_{i+\frac{1}{2},j}\right)^2+h_1h_2\sum_{j=0}^{n-1}\sum_{i=1}^{m-1}\left(\delta_yU_{i,j+\frac{1}{2}}\right)^2. \qquad (2.3.11)
\end{aligned}
$$

又根据引理 2.3.1,

$$
\begin{aligned}
|U|_1^2 = h_1h_2\sum_{j=1}^{n-1}\sum_{i=1}^{m-1}U_{ij}f_{ij} &\leqslant \varepsilon\|U\|^2+\frac{1}{4\varepsilon}\|f\|^2\\
&\leqslant \frac{a^2\varepsilon}{12}|U|_1^2+\frac{1}{4\varepsilon}\|f\|^2.
\end{aligned}
$$

□

利用先验估计, 类似定理 2.1.4 可得差分方程的稳定性.

习 题 2

1. 定义差分算子

$$
U_{t,m}=\frac{1}{2h^2}\left(U_{t+1,m+1}+U_{t+1,m-1}+U_{t-1,m+1}+U_{t-1,m-1}-4U_{t,m}\right).
$$

试分析 Laplace 方程 $\frac{\partial^2 u}{\partial x^2}+\frac{\partial^2 u}{\partial y^2}=0$ 对应的差分方程的截断误差.

2. 采用五点差分模式

$$U_{i,m}=\frac{1}{h^2}\left(U_{i+1,m}+U_{i,1,m}+U_{i,m+1}+U_{i,m-1}-4U_{i,m}\right)=0$$

解 Dirichlet 问题

$$\begin{cases}\dfrac{\partial^2 u}{\partial x^2}+\dfrac{\partial^2 u}{\partial y^2}=0, \quad (x,y)\in\Omega,\\ u|_{\partial\Omega}=\ln\left[(x+1)^2+y^2\right],\end{cases}$$

这里 $\Omega=\{(x,y)|0<x,y<1\},\Delta x=\Delta y=\frac{1}{3}$.

3. 写出下面 Neumann 问题

$$\begin{cases}\dfrac{\partial^2 u}{\partial x^2}+\dfrac{\partial^2 u}{\partial y^2}=0, \quad (x,y)\in\Omega,\\ u|_{x=0}=200, u|_{y=1}=100, \quad \left.\dfrac{\partial u}{\partial n}\right|_{y=0}=0, \left.\dfrac{\partial u}{\partial n}\right|_{x=2}=100\end{cases}$$

的差分格式.

4. 求解下面 Poisson 方程

$$\begin{cases}\dfrac{\partial^2 u}{\partial x^2}+\dfrac{\partial^2 u}{\partial y^2}=-2(x^2+y^2), \quad (x,y)\in\Omega,\\ u|_{x=0}=0, u|_{y=0}=0, u|_{x=1}=y^2, u|_{y=1}=x^2,\end{cases}$$

这里 $\Omega=\{(x,y)|0<x,y<1\},\Delta x=\Delta y=\frac{1}{n}$.

5. 假定 u 是方程

$$\begin{cases}\dfrac{\partial^2 u}{\partial x^2}+\dfrac{\partial^2 u}{\partial y^2}=f(x,y), \quad (x,y)\in\Omega,\\ u|_{x=0}=0, u|_{y=1}=0, \quad \left.\dfrac{\partial u}{\partial n}\right|_{x=0}=g, \left.\dfrac{\partial u}{\partial n}\right|_{x=1}=0\end{cases}$$

的解, 这里 $\Omega=\{(x,y)|0<x,y<1\}$, 采用中心差分和网格剖分 $\Delta x=\Delta y=\frac{1}{n}$ 所得的数值解为 U, 且在边界上 $\frac{U_{J+1,s}-U_{J-1,s}}{2\Delta x}=g_s$. 证明

$$U_{r,s}=u(x_r,y_s)+(\Delta x)^2\phi(x_r,y_s)+O((\Delta x)^3),$$

其中 ϕ 满足

$$\begin{cases}\phi_{xx}+\phi_{yy}=-\dfrac{1}{12}(u_{xxxx}+u_{yyyy}),\\ \phi|_{x=0}=0, \phi|_{y=1}=0, \quad \left.\dfrac{\partial \phi}{\partial n}\right|_{x=0}=g, \left.\dfrac{\partial \phi}{\partial n}\right|_{x=1}=0.\end{cases}$$

6. 在 $D=\{(x,y)|0\leqslant x,y\leqslant 1\}$ 上给出边值问题

$$\begin{cases} -\left(\dfrac{\partial^2 u}{\partial x^2}+\dfrac{\partial^2 u}{\partial y^2}\right)=16, \quad 0<x,y<1, \\ u|_{x=1}=0, \left.\dfrac{\partial u}{\partial y}\right|_{y=1}=-u, \quad \left.\dfrac{\partial u}{\partial x}\right|_{x=0}=\left.\dfrac{\partial u}{\partial y}\right|_{y=0}=0, \end{cases}$$

取 $h=\dfrac{1}{4}$, 试用五点差分格式求解此问题的数值解.

7. 用柱坐标系表示的 Poisson 方程的形式为

$$\frac{1}{r}\frac{\partial}{\partial r}\left(r\frac{\partial u}{\partial r}\right)+\frac{1}{r^2}\frac{\partial^2 u}{\partial \phi^2}+\frac{\partial^2 u}{\partial z^2}=-f(r,\phi,z),$$

其中 $r=\sqrt{x^2+y^2}, \tan\phi=\dfrac{y}{x}$. 试写出逼近上面方程的一个差分格式.

8. 用极坐标系表示的 Poisson 方程的形式为

$$\frac{\partial^2 u}{\partial r^2}+\frac{2}{r}\frac{\partial u}{\partial r}+\frac{1}{r^2\sin\theta}\frac{\partial}{\partial \theta}\left(\sin\theta\frac{\partial u}{\partial \theta}\right)=-f(r,\theta),$$

其中 $r=\sqrt{x^2+y^2}, \tan\theta=\dfrac{y}{x}$. 试写出逼近上面方程的一个差分格式.

9. 列出五点差分格式

$$\begin{cases} -\left(\dfrac{\partial^2 u}{\partial x^2}+\dfrac{\partial^2 u}{\partial y^2}\right)=0, \quad 0<x,y<1, \\ u_x-u=1+y, \quad x=0, 0\leqslant y\leqslant 1, \\ u_x+u=2-y, \quad x=1, 0\leqslant y\leqslant 1, \\ u_y-u=-1-x, \quad y=0, 0\leqslant x\leqslant 1, \\ u_y+u=-2+x, \quad y=1, 0\leqslant x\leqslant 1, \end{cases}$$

$h=k=\dfrac{1}{2}$ 的线性代数方程组.

10. 写出带 Dirichlet 边界条件的方程

$$\frac{\partial}{\partial x}\left(a(x)\frac{\partial u}{\partial x}\right)+\frac{\partial}{\partial y}\left(a(x)\frac{\partial u}{\partial y}\right)+f(x,y)=0, \quad 0<x,y<1$$

的差分格式 $\left(h=k=\dfrac{1}{4}\right)$.

第2章电子课件

第 3 章 抛物型方程的有限差分方法

抛物型方程是偏微分方程的基本方程之一, 自然科学众多领域中的许多问题都可以用抛物方程来描述. 如石油开采、环境污染、化学反应、新闻传播、水利工程、生态问题、神经传导等诸多自然科学与工程技术问题, 各种热传导过程, 分子扩散过程等现象, 都可以用抛物型偏微分方程来刻画.

偏微分方程定解问题是表述自然与工程领域中各种现象的重要数学工具. 而绝大多数偏微分方程的解析解很难求出, 因此数值解显得尤为重要. 有限差分法、有限元方法和谱方法是求数值解的最主要的几种方法, 有限差分法是最基础的. 差分法有直观清楚、构造简单、易于编程的优点, 因此依然是最好的选择. 精心构造的差分方法可以非常高效.

热传导 (扩散) 方程是最简单的一种抛物型偏微分方程. 它涉及物理、化学、生命科学等许多领域, 具有很强的实际背景和研究意义.

3.1 扩 散 方 程

这里我们以简单的一维扩散方程为例, 给出用有限差分方法求抛物型微分方程数值解的基本过程和理论基础.

扩散方程的初值问题如下:

$$\begin{cases} \dfrac{\partial u}{\partial t} - a\dfrac{\partial^2 u}{\partial x^2} = 0, & x \in \mathbf{R}, t > 0, \\ u(x,0) = f(x), & x \in \mathbf{R}, \end{cases} \tag{3.1.1}$$

其中 $\mathbf{R} = (-\infty, +\infty)$.

扩散方程是最简的一维线性抛物方程, 我们通常考虑下列两种形式的定解问题: 第一, 上面给出的初值问题 (3.1.1); 第二, 初边值问题, 即给出初始条件

$$u\,|_{t=0} = g(x), \quad 0 < x < L \tag{3.1.2}$$

及边值条件

$$u(0,t) = \varphi(t), \quad u(L,t) = \psi(t), \quad 0 \leqslant t \leqslant T, \tag{3.1.3}$$

其中 $f(x), g(x), \varphi(t), \psi(t)$ 为已知函数.

当初始函数 f 满足一定条件时, 初值问题 (3.1.1) 存在唯一充分精确解.

3.1.1 定解区域的离散

接下来我们用有限差分方法对一维扩散方程进行求解. 为了用有限差分方法求解问题 (3.1.1), 首先将求解区域做剖分. 网格线将定解区域化为离散的节点集, 这是将微分方程定解问题离散化为差分方程的基础.

问题 (3.1.1) 的定解区域是 x-t 平面上的半平面 (图 3.1), 分别引入平行于 x 轴和平行于 t 轴的两族直线, 将区域划分为矩形网格. 这两族直线称为网格线, 它们的交点称为节点或网格点. 通常, 平行于 t 轴的网格线取成等距的, 间距 $h>0$ 称为空间步长; 平行于 x 轴的网格线则可取成不等距, 间距大小视具体问题而定. 为了简单起见, 这里取平行于 x 轴的网格线也是等距的, 间距 $\tau>0$ 称为时间步长. 将时间和空间进行等分, 所取两组网格线如下:

$$x=x_j, \quad j=0,\pm1,\pm2,\cdots,$$

$$t=t_n, \quad n=0,1,2,\cdots,$$

其中 $x_j=jh, t_n=n\tau$. 节点 (x_j,t_n) 常简记为 (j,n). 称在 $t=0, x=0$ 以及 $x=L$ 上的节点为边界节点; 称在直线 $t=t_n$ 上的所有节点 $\{(x_j,t_n)\,|0\leqslant j\leqslant m\}$ 为第 n 层节点.

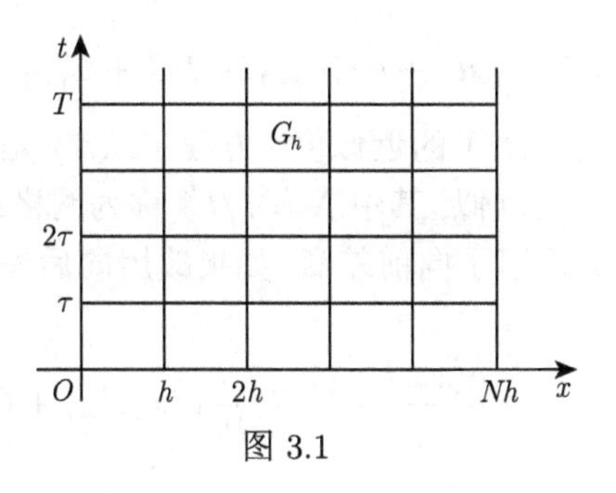

图 3.1

初值问题 (3.1.1) 的解 u 是依赖于连续变化的变量 x,t 的函数. 为了进行数值求解, 按上述方式将定解区域离散化后, 我们考虑求解 u 在各个节点上的近似值. 也就是把依赖于连续变量 x,t 的问题归结为依赖于离散变化变量 x_j 和 t_n 的问题.

3.1.2 差分格式

接下来给出扩散方程初值问题 (3.1.1) 的一种差分解法. 假设初值问题 (3.1.1) 有充分光滑的解 u, 对于任意节点 (j,n), 根据 Taylor 级数展开 u 的微分与向前差商之间成立关系式

$$\frac{u(x_j,t_{n+1})-u(x_j,t_n)}{\tau}=\frac{\partial}{\partial t}u(x_j,t_n)+O(\tau), \tag{3.1.4}$$

$$\frac{u(x_{j+1},t_n)-2u(x_j,t_n)+u(x_{j-1},t_n)}{h^2}=\frac{\partial^2}{\partial x^2}u(x_j,t_n)+O(h^2), \tag{3.1.5}$$

这两个关系式给出了用代数方程逼近微分方程的一种方式. 因为 u 满足

$$\frac{\partial}{\partial t}u(x_j,t_n)-a\frac{\partial^2}{\partial x^2}u(x_j,t_n)=0,$$

所以由 (3.1.4) 和 (3.1.5) 得到

$$\frac{u(x_j,t_{n+1})-u(x_j,t_n)}{\tau}-a\frac{u(x_{j+1},t_n)-2u(x_j,t_n)+u(x_{j-1},t_n)}{h^2}=O(\tau+h^2). \tag{3.1.6}$$

为了保证逼近的精度, 取充分小的步长 h 与 τ, 在进行理论分析的极限过程中它们都趋于零. 这样 (3.1.6) 可以用方程

$$\frac{u_j^{n+1}-u_j^n}{\tau}-a\frac{u_{j+1}^n-2u_j^n+u_{j-1}^n}{h^2}=0$$

或

$$u_j^{n+1}=u_j^n+a\lambda(u_{j+1}^n-2u_j^n+u_{j-1}^n) \tag{3.1.7}$$

来近似, 其中 u_j^n 表示 $u(x_j,t_n)$ 的近似值. 方程 (3.1.7) 是问题 (3.1.1) 中的偏微分方程在任一节点 (j,n) 的近似, 其中 $\lambda=\tau/h^2$ 称为网格比.

在 (3.1.4) 中 u 对 t 采用了向前差商, 如果改用向后差商和中心差商, 即利用关系式

$$\frac{u(x_j,t_n)-u(x_j,t_{n-1})}{\tau}=\frac{\partial}{\partial t}u(x_j,t_n)+O(\tau)$$

和

$$\frac{u(x_j,t_{n+1})-u(x_j,t_{n-1})}{2\tau}=\frac{\partial}{\partial t}u(x_j,t_n)+O(\tau^2),$$

那么我们会得出初值问题 (3.1.1) 的其他两个差分格式.

问题 (3.1.1) 中初始条件的离散形式是

$$u_j^0=f_j,\quad j=0,\pm1,\pm2,\cdots, \tag{3.1.8}$$

其中 $f_j=f(x_j)$.

问题 (3.1.1) 的初始条件的离散形式形如 (3.1.8). 这样就可以按时间逐层推进, 利用 (3.1.7) 可计算出解 u 在各时间层上的近似值 $u_j^n(n=1,2,\cdots)$.

对初始条件 (3.1.2) 和边界条件 (3.1.3), 离散格式为

$$u_j^0 = g_j = g(x_j), \quad j = 1, 2, \cdots,$$

$$u_0^n = \varphi(t_n), \quad u_J^n = \psi(t_n), \quad n = 0, 1, 2, \cdots.$$

把定解问题中微分方程的差分方程和定解条件的离散形式统称为定解问题的一个差分格式. 那么 (3.1.7) 和 (3.1.8) 构成初值问题 (3.1.1) 的一个差分格式, 简记为

$$\begin{cases} u_j^{n+1} = u_j^n + a\lambda(u_{j+1}^n - 2u_j^n + u_{j-1}^n), \\ u_j^0 = f_j, \end{cases}$$

其中 $\lambda = \tau/h^2$.

对初值问题 (3.1.1) 建立了差分格式 (3.1.7) 后, 在初始时间层, 解 u 的值 u_j^0 已知, 所以可按时间层, 算出解 u 在 $n = 1, 2, \cdots$ 各时间层的近似值 u_j^n.

3.1.3 显式差分格式和隐式差分格式

上面我们建立的差分格式涉及两个时间层, 这样的差分格式称为二层差分格式, 根据这种差分格式来计算第 $n+1$ 层的 u_j^{n+1} 时只用到第 n 层的信息. 从第 n 层到第 $n+1$ 层时, 差分格式提供了逐点计算 u_j^{n+1} 的直接表达式, 这样的差分格式称为显式差分格式. 所以前面的差分格式都是二层显式差分格式.

并非所有的差分格式都是显式的, 在 (3.1.4) 中将 n 改为 $n+1$, 而且用向后差商逼近 u 对 t 的微商, 即利用关系式

$$\frac{u(x_j, t_{n+1}) - u(x_j, t_n)}{\tau} = \frac{\partial}{\partial t} u(x_j, t_{n+1}) + O(\tau), \tag{3.1.9}$$

我们得到扩散方程初值问题 (3.1.1) 的又一种差分格式

$$\frac{u_j^{n+1} - u_j^n}{\tau} - a\frac{u_{j+1}^{n+1} - 2u_j^{n+1} + u_{j-1}^{n+1}}{h^2} = 0,$$

或者改写成

$$-a\lambda u_{j+1}^{n+1} + (1 + 2a\lambda)u_j^{n+1} - a\lambda u_{j-1}^{n+1} = u_j^n, \tag{3.1.10}$$

其中 $\lambda = \tau/h^2$. 这样, 我们得到了一个关于解 u 在第 $n+1$ 层的各个节点上的近似值 u_j^{n+1} 的方程, 而不是计算 u_j^{n+1} 的直接公式. 此类差分格式一般运用于初边值混合问题或解 u 具有周期性的初值问题.

下面考虑解 u 具有周期性的情形:

设 $h=1/N, N$ 是自然数, 且有

$$u(x_{j+N},t_n)=u(x_j,t_n),\quad j=0,\pm1,\pm2,\cdots,$$

这时只需计算 $u_j^{n+1}, j=0,1,2,\cdots,N-1$. 令

$$u^n=(u_0^n,u_1^n,\cdots,u_{N-1}^n)^{\mathrm{T}}.$$

由差分格式 (3.1.10) 得到

$$Au^{n+1}=u^n, \tag{3.1.11}$$

其中

$$A=\begin{pmatrix} 1+2a\lambda & -a\lambda & 0 & \cdots & 0 & 0 & -a\lambda \\ -a\lambda & 1+2a\lambda & -a\lambda & \cdots & 0 & 0 & 0 \\ \vdots & \vdots & \vdots & & \vdots & \vdots & \vdots \\ 0 & 0 & 0 & \cdots & -a\lambda & 1+2a\lambda & -a\lambda \\ -a\lambda & 0 & 0 & \cdots & 0 & -a\lambda & 1+2a\lambda \end{pmatrix} \tag{3.1.12}$$

是对称的对角占优的矩阵, 因此方程组 (3.1.11) 有唯一解. 针对矩阵 A 的特征, 容易推导出求解方程组 (3.1.11) 的算法.

由差分格式 (3.1.10) 看到, 它在 $t=(n+1)\tau$ 的时间层上包含了三个网格点, 如果一个差分格式在 $t=(n+1)\tau$ 时间层上包含了多于一个的网格点, 则称它是隐式格式. 一般情况下, 求解隐式差分格式必须解一个代数方程组, 如同差分格式 (3.1.10). 直观上, 显式差分格式比隐式差分格式更简单. 但是, 有些情况下更适合用隐式格式.

3.1.4 Richardson 差分格式

前面给出的显式差分格式和隐式差分格式的收敛阶均为 $O(\tau+h^2)$, 为了使收敛阶提高到 $O(\tau^2+h^2)$, 我们给出 Richardson (理查森) 差分格式.

对初值问题 (3.1.1),

$$\frac{\partial^2 u}{\partial x^2}(x_j,t_n)=\frac{u_{j-1}^n-2u_j^n+u_{j+1}^n}{h^2}+O(h^2)$$

和

$$\frac{\partial u}{\partial t}(x_j,t_n)=\frac{u_j^{n+1}-u_j^{n-1}}{2\tau}+O(\tau^2),$$

将上面两式代入 (3.1.1), 得到

$$\frac{u_j^{n+1}-u_j^{n-1}}{2\tau}-a\frac{u_{j-1}^n-2u_j^n+u_{j+1}^n}{h^2}=O(h^2)+O(\tau^2), \tag{3.1.13}$$

初始条件

$$u_j^0=f_j,\quad j=0,\pm1,\pm2,\cdots,$$

在 (3.1.13) 中略去无穷小量, 得到如下差分格式

$$\frac{u_j^{n+1}-u_j^{n-1}}{2\tau}-a\frac{u_{j-1}^n-2u_j^n+u_{j+1}^n}{h^2}=0, \tag{3.1.14}$$

称差分格式 (3.1.14) 为 Richardson 格式. Richardson 格式是一个显格式.

差分格式 (3.1.14) 可写为

$$u_j^{n+1}=2r(u_{j-1}^n-2u_j^n+u_{j+1}^n)+u_j^{n-1},$$

其中 $r=\dfrac{a\tau}{h^2}$. 这个格式的截断误差为 $O(h^2)+O(\tau^2)$. 从截断误差来看, Richardson 格式比前面的差分格式要好. Richardson 差分格式计算第 $n+1$ 层上的值 u_j^{n+1} 时, 需要用到第 n 层的值 $u_{j-1}^n,u_j^n,u_{j+1}^n$ 和第 $n-1$ 层上的值 u_j^{n-1}, 联系到三个时间层, 它是一个三层格式. 实际计算时, 当第 0 层和第 1 层的值已知时, 可依次求出第 2 层, 第 3 层, $\cdots$, 直到第 n 层的值.

3.1.5 Richardson 差分格式的不稳定性

对于任意的步长比 r, Richardson 格式均是不稳定的.

证明 Richardson 是一个三层格式, 一般给出其等价的二层差分方程组

$$\begin{cases} u_j^{n+1}=2r(u_{j-1}^n-2u_j^n+u_{j+1}^n)+\nu_j^n,\\ \nu_j^{n+1}=u_j^n. \end{cases}$$

把 $u_j^n=\omega_m^{k_1}\mathrm{e}^{iljh},\nu_j^n=\omega_m^{k_2}\mathrm{e}^{iljh}$ 代入上式, 消去公共因子 e^{iljh}, 得到

$$\begin{cases} \omega_m^{k_1+1}=4r(\cos lh-1)\omega_m^{k_1}+\omega_m^{k_2},\\ \omega_m^{k_2+1}=\omega_m^{k_1}. \end{cases}$$

故增长矩阵为

$$G(\tau,l)=\begin{pmatrix} -8r\sin^2\dfrac{lh}{2} & 1\\ 1 & 0 \end{pmatrix},$$

其特征值为

$$\lambda_{1,2} = -4r\sin^2\frac{lh}{2} \pm \sqrt{1 + 16r^2\sin^4\frac{lh}{2}},$$

则

$$\max|\lambda_{1,2}| > 1 + 4r\sin^2\frac{lh}{2}.$$

所以 Richardson 格式是不稳定的. □

3.1.6 Grank-Nicolson 格式

接下来对初始问题 (3.1.1) 给出一个具有 $O(\tau^2 + h^2)$ 精度的无条件稳定的差分格式.

记 $t_{n+\frac{1}{2}} = \frac{1}{2}(t_n + t_{n+1})$, 在点 $\left(x_j, t_{n+\frac{1}{2}}\right)$ 处初值问题 (3.1.1) 有

$$\frac{\partial u}{\partial t}\left(x_j, t_{n+\frac{1}{2}}\right) = a\frac{\partial^2 u}{\partial x^2}\left(x_j, t_{n+\frac{1}{2}}\right).$$

由于

$$\begin{aligned}\frac{\partial^2 u}{\partial x^2}\left(x_j, t_{n+\frac{1}{2}}\right) &= \frac{1}{2}\left[\frac{\partial^2 u}{\partial x^2}(x_j, t_n) + \frac{\partial^2 u}{\partial x^2}(x_j, t_{n+1})\right] + O(h^2)\\ &= \frac{1}{2h^r}\left[(u_{j+1}^{n+1} - 2u_j^{n+1} + u_{j-1}^{n+1}) + (u_{j+1}^n - 2u_j^n + u_{j-1}^n)\right] + O(h^2)\end{aligned}$$

和

$$\frac{\partial u}{\partial t}\left(x_j, t_{n+\frac{1}{2}}\right) = \frac{u_j^{n+1} - u_j^n}{\tau} + O(\tau^2),$$

将上面两式代入 (3.1.1), 略去无穷小量, 得到如下差分格式

$$\frac{u_j^{n+1} - u_j^n}{\tau} - \frac{a}{2h^2}\left[(u_{j+1}^{n+1} - 2u_j^{n+1} + u_{j-1}^{n+1}) + (u_{j+1}^n - 2u_j^n + u_{j-1}^n)\right] = 0. \quad (3.1.15)$$

此差分格式为 Grank-Nicolson (克兰克-尼科尔森) 格式. 其局部截断误差 $O(h^2) + O(\tau^2)$, Grank-Nicolson 格式是一个二层差分格式.

3.2 收敛性与稳定性

对于一个微分方程建立的各种差分格式, 为了有实用意义, 需要它们能够任意逼近原来的微分方程. 在网格确定的条件下, 不同差分格式逼近同一微分方程的程度往往不同, 这种逼近程度一般用截断误差来描述. 下面以扩散方程 (3.1.1) 的差分格式 (3.1.7) 为例, 引出截断误差的概念.

3.2.1 截断误差

向前差分

$$\frac{\partial}{\partial t}u(x_j,t_n)\approx\frac{u(x_j,t_{n+1})-u(x_j,t_n)}{\tau};$$

向后差分

$$\frac{\partial}{\partial t}u(x_j,t_n)\approx\frac{u(x_j,t_n)-u(x_j,t_{n-1})}{\tau};$$

中心差分

$$\frac{\partial}{\partial t}u(x_j,t_n)\approx\frac{u(x_j,t_{n+1})-u(x_j,t_{n-1})}{2\tau}.$$

对于齐次微分方程问题, 可以将讨论的微分方程和差分格式写成

$$Lu=0$$

和

$$L_h u_j^n=0,$$

其中 L 是微分算子, L_h 是相应的差分算子, 对于扩散方程 (3.1.1) 和差分格式 (3.1.7), 微分算子 L 的定义是

$$Lu=\frac{\partial u}{\partial t}-a\frac{\partial^2 u}{\partial x^2},$$

相应的差分算子 L_h 由下式定义

$$L_h u_j^n=\frac{u_j^{n+1}-u_j^n}{\tau}-a\frac{u_{j+1}^n-2u_j^n+u_{j-1}^n}{h^2}.$$

然后, 设 u 是所讨论的微分方程的充分光滑的解, 将算子 L 和 L_h 分别作用于 u, 记两者在任意节点 (x_j,t_n) 处的差为 E, 即

$$E=L_h u(x_j,t_n)-Lu(x_j,t_n).$$

通常, 差分格式的截断误差是指对 E 的估计. 因为 u 是微分方程的解, 有 $Lu(x_j,t_n)=0$, 故

$$E=L_h u(x_j,t_n).$$

算子 L_h 是算子 L 的近似, $L_h u(x_j,t_n)$ 一般不为零, 因此截断误差实际上就是对 $L_h u(x_j,t_n)$ 的估计. 截断误差越小, 说明算子 L_h 越接近算子 L, 从而差分方程近似微分方程.

继续回到我们前面给出的扩散方程 (3.1.1) 及其差分格式 (3.1.7)

$$Lu(x_j,t_n)=\frac{\partial u(x_j,t_n)}{\partial t}-a\frac{\partial^2 u(x_j,t_n)}{\partial x^2}=0,$$

$$L_h u(x_j,t_n)=\frac{u(x_j,t_{n+1})-u(x_j,t_n)}{\tau}-a\frac{u(x_{j+1},t_n)-2u(x_j,t_n)+u(x_{j-1},t_n)}{h^2}.$$

由此得到差分格式 (3.1.7) 的截断误差为

$$E=L_h u(x_j,t_n)=O(\tau+h^2).$$

也可以用“精度”来说明截断误差. 一般一个差分格式的截断误差 $E=O(\tau^q+h^p)$, 说明差分格式对时间 t 是 q 阶精度, 对空间 x 是 p 阶精度的. 特别地, 当 $p=q$ 时, 说差分格式是 p 阶精度的. 例如, 上面的差分格式 (3.1.7) 对时间 t 是 1 阶精度, 对空间 x 是 2 阶精度的.

3.2.2 差分格式的收敛性

前面给出了若干差分格式, 但是它们是否有用? 一个差分格式能否在实际中应用, 最终要看时间步长和空间步长充分小时, 差分方程的解能否任意地逼近微分方程的解, 这就是差分格式的收敛性问题. 这样, 对于每一个差分格式, 从差分格式在理论上的准确解能否任意逼近微分方程的解引入收敛性概念, 考察差分格式在实际计算中的近似解能否任意逼近差分方程的解. 接下来给出收敛性的概念.

定义 3.2.1 设 u 是微分方程的准确解, u_j^n 是相应差分方程的准确解. 如果当步长 $h\to 0,\tau\to 0$ 时, 对任何 (j,n) 有

$$u_j^n\to u(x_j,t_n),$$

则称差分格式是**收敛的**.

也就是差分格式的解逼近于微分方程的解. 我们通过求差分格式的解得到偏微分方程的近似解, 因此收敛性非常重要. 显然, 不收敛的差分格式是没有实际意义的.

我们验证一下扩散方程 (3.1.1) 的初值问题的显式差分格式 (3.1.7) 的收敛性.

设 u 是扩散方程 (3.1.1) 的解, u_j^n 是相应显式差分格式 (3.1.7) 的准确解. 令 $T(x_j,t_n)$ 为差分格式 (3.1.7) 在 (x_j,t_n) 点处的截断误差, 有

$$T(x_j,t_n)=\frac{u(x_j,t_{n+1})-u(x_j,t_n)}{\tau}-a\frac{u(x_{j+1},t_n)-2u(x_j,t_n)+u(x_{j-1},t_n)}{h^2}.$$

上式可以重新写成如下形式:

$$u(x_j,t_{n+1})=(1-2a\lambda)u(x_j,t_n)+a\lambda\left[u(x_{j+1},t_n)+u(x_{j-1},t_n)\right]+\tau T(x_j,t_n),$$

其显式差分格式 (3.1.7) 改写成如下形式:

$$u_j^{n+1} = (1-2a\lambda)u_j^n + a\lambda(u_{j+1}^n + u_{j-1}^n),$$

两式相减得

$$\begin{aligned} & u_j^{n+1} - u(x_j, t_{n+1}) \\ = & (1-2a\lambda)\left(u_j^n - u(x_j, t_n)\right) \\ & + a\lambda\left[u_{j+1}^n - u(x_{j+1}, t_n) + u_{j-1}^n - u(x_{j-1}, t_n)\right] + \tau T(x_j, t_n). \end{aligned}$$

令

$$e_j^n = u_j^n - u(x_j, t_n),$$

则有

$$e_j^{n+1} = (1-2a\lambda)e_j^n + a\lambda\left(e_{j+1}^n + e_{j-1}^n\right) + \tau T(x_j, t_n).$$

接下来对上式进行估计. 若 $1-2a\lambda \geqslant 0$, 则可得

$$\left|e_j^{n+1}\right| = (1-2a\lambda)\left|e_j^n\right| + a\lambda\left(\left|e_{j+1}^n\right| + \left|e_{j-1}^n\right|\right) + \tau\left|T(x_j, t_n)\right|. \tag{3.2.1}$$

设 u 是扩散方程初始问题 (3.1.1) 充分光滑的解, 由截断误差知

$$|T(x_j, t_n)| \leqslant C(\tau + h^2).$$

令

$$E_n = \sup_j \left|e_j^n\right|,$$

式 (3.2.1) 变为

$$E_{n+1} \leqslant E_n + C\tau(\tau + h^2).$$

依次递推下去得

$$E_n \leqslant E_0 + Cn\tau(\tau + h^2).$$

因为在初始时间层上有

$$u_j^0 = u(x_j, 0),$$

故有 $e_j^0 = 0$, 从而有 $E_0 = 0$. 则有

$$E_n \leqslant Cn\tau(\tau + h^2).$$

假设初值问题中 $t \leqslant T$, 那么有 $n\tau \leqslant T$, 则

$$E_n \leqslant CT(\tau + h^2).$$

当步长 $h\to 0,\tau\to 0$ 时, $E_n\to 0$, 即 $u_j^n\to u(x_j,t_n)$. 则证明了显式差分格式的收敛性, 但是假设 $1-2a\lambda\geqslant 0$ 这一条件不可缺少.

对于偏微分方程建立的差分方程, 首先要求差分方程是微分方程的近似, 即要求 $h\to 0,\tau\to 0$ 时, 差分方程与微分方程无限近似, 这就是差分方程的相容性问题研究.

定义 3.2.2 如果截断误差满足

$$E=L_hu(x_j,t_n)\to 0,\quad h\to 0,\quad \tau\to 0,$$

则称差分格式与微分方程是相容的.

3.2.3 差分格式的稳定性

建立差分格式后, 除了讨论其收敛性外, 还要讨论差分格式的稳定性问题. 差分格式的计算是按时间层逐层进行的, 计算第 $n+1$ 层的 u_j^{n+1} 时, 要用到第 n 层上计算出来的结果 u_j^n. 因此计算 u_j^n 时的舍入误差, 必然影响到 u_j^{n+1} 的值, 从而要分析这种误差传播的情况. 如果误差的影响越来越大, 以致差分格式的精确解的面貌完全被掩盖, 那么这种差分格式称为不稳定的. 相反地, 如果误差的影响是可以控制的, 差分格式的解基本上可以计算出来, 那么这种差分格式就认为是稳定的.

下面给出稳定性的概念.

定义 3.2.3 设初层上引入误差 $\varepsilon_j^0, j=0,\pm 1,\cdots$, 令 $\varepsilon_j^n, j=0,\pm 1,\cdots$ 是第 n 层上的误差, 如果存在正常数 K, 使得对所有的 $\tau\leqslant\tau_0, n\tau\leqslant T$, 下面不等式成立

$$\left\|\varepsilon^n\right\|_h\leqslant K\left\|\varepsilon^0\right\|_h,$$

那么差分格式是**稳定的**, 其中 $\|\cdot\|_h$ 是某种范数. 它可以是

$$\left\|\varepsilon^n\right\|_h=\sqrt{\sum_{j=-\infty}^{\infty}(\varepsilon_j^n)^2h},$$

也可以取

$$\left\|\varepsilon^n\right\|_h=\max_j\left|\varepsilon_j^n\right|.$$

这表明计算过程中差分格式的右端产生误差时, 解的误差可以被右端误差控制.

差分格式的稳定性不仅和差分格式的构造有关, 而且和网格比的关系密切.

差分格式的收敛性和稳定性是用差分格式求解微分方程定解问题的两个基本问题. 所以, 为了使用有效的差分格式求解微分方程定解问题, 首先判断差分格式

是否具有收敛性和稳定性. 而对于收敛性和稳定性之间的联系, Lax (拉克斯) 在 1953 年给出了它们的关系.

定理 3.2.1 (Lax 等价定理) 对一个适定的线性初值问题, 若给出的差分格式是相容的, 则差分格式的稳定性是收敛性的充分必要条件.

一般来说, 证明差分格式的收敛性是比较困难的, 而判断一个差分格式的稳定性则有许多方法. 由 Lax 等价定理我们知道, 讨论差分格式的收敛性就归结为讨论差分格式的稳定性问题. 下面给出判别稳定性的方法.

3.2.4 差分格式稳定性的方法

关于抛物方程初值问题的差分格式稳定性, 可以用**直接法**来研究. 下面以扩散方程显式差分格式为例来说明此方法.

前面给出了扩散方程的显式差分格式

$$u_j^{n+1} = a\lambda u_{j+1}^n + (1-2a\lambda)u_j^n + u_{j-1}^n, \quad j = 1, 2, \cdots, J-1, \tag{3.2.2}$$

(3.2.2) 式的矩阵形式如下:

$$\begin{pmatrix} u_1^{n+1} \\ u_2^{n+1} \\ \vdots \\ u_{j-2}^{n+1} \\ u_{j-1}^{n+1} \end{pmatrix} = \begin{pmatrix} 1-2a\lambda & a\lambda & & & \\ a\lambda & 1-2a\lambda & a\lambda & & \\ & \ddots & \ddots & \ddots & \\ & & a\lambda & 1-2a\lambda & a\lambda \\ & & & a\lambda & 1-2a\lambda \end{pmatrix} \begin{pmatrix} u_1^n \\ u_2^n \\ \vdots \\ u_{j-2}^n \\ u_{j-1}^n \end{pmatrix} + \begin{pmatrix} u_0^n \\ 0 \\ \vdots \\ 0 \\ u_{j-2}^n \end{pmatrix},$$

即

$$U^{n+1} = AU^n.$$

通过矩阵 A 研究差分格式稳定性的方法称为稳定性分析的直接方法.

定理 3.2.2 差分格式

$$U^{n+1} = AU^n$$

稳定当且仅当

$$\rho(A) \leqslant 1 + C\tau \tag{3.2.3}$$

成立, 其中 C 为与 τ 无关的常数, $\rho(A)$ 是矩阵 A 的谱半径.

条件 (3.2.3) 称为 von Neumann (冯 · 诺依曼) 条件. von Neumann 条件是稳定性的必要条件. 其重要性在于很多情况下, 这个条件也是稳定性的充分条件.

判定稳定性的直接方法是一般方法, 但是随着矩阵阶数增大, 计算矩阵的特征值比较困难. 因此, 直接方法判定稳定性比较困难. 接下来我们给出应用比较广泛的 Fourier (傅里叶) 方法.

定理 3.2.3　差分格式

$$U^{n+1} = AU^n$$

按初值稳定的充要条件是, 存在正常数 τ_0, K, 使

$$|G(\tau,k)^n| \leqslant K \tag{3.2.4}$$

对所有的 $0<\tau\leqslant\tau_0, 0<k\tau\leqslant T$ 成立, 其中 K 为与 τ 无关的常数, $G(\tau,k)$ 是增长因子.

下面以扩散方程为例, 用 Fourier 方法来讨论一下隐式差分格式稳定性.

扩散方程的隐式差分格式

$$\frac{u_j^{n+1}-u_j^n}{\tau} - a\frac{u_{j+1}^{n+1}-2u_j^{n+1}+u_{j-1}^{n+1}}{h^2} = 0$$

写成另外一种形式

$$u_j^n = -a\lambda u_{j-1}^{n+1} + (1+2a\lambda)u_j^{n+1} - a\lambda u_{j+1}^{n+1},$$

其中 $\lambda = \dfrac{\tau}{h^2}$. 令 $u_j^n = \nu^n \mathrm{e}^{ikjh}$, 代入上式并消去公因子 e^{ikjh}, 易得上式的增长因子

$$G(\tau,k) = \frac{1}{1+4a\lambda\sin^2\dfrac{kh}{2}},$$

因为 $a>0$, 所以对任意的网格比, 都有 $|G(\tau,k)|\leqslant 1$ 成立. 由定理 3.2.3 知, 隐式差分格式是无条件稳定的.

对于一些差分格式我们还可以用能量不等式的方法来研究其稳定性. 用能量不等式方法研究差分格式的稳定性是从稳定性定义出发, 通过一系列的估计来完成的. 下面以扩散方程的显式差分格式的具体例子来给出其基本思想.

当 $r\leqslant 1/2$ 时, 设 $\{u_j^n | 0\leqslant j\leqslant m, 0\leqslant n\leqslant k\}$ 为差分方程

$$\frac{u_j^{n+1}-u_j^n}{\tau} - a\frac{u_{j+1}^n-2u_j^n+u_{j-1}^n}{h^2} = 0,$$

$$u_j^0 = g_j = g(x_j),$$

$$u_0^n = 0$$

的解, 则有

$$\|u^n\|_\infty \leqslant \|u^0\|_\infty, \quad 1 \leqslant n \leqslant k,$$

其中 $\|u^n\|_\infty = \max\limits_j |u_j^n|$. 那么, 显式差分格式关于初值是稳定的.

证明 将显式差分格式改写成如下形式:

$$u_j^{n+1} = (1-2r)u_j^n + r(u_{j+1}^n + u_{j-1}^n),$$

则有

$$|u_j^{n+1}| \leqslant (1-2r)\|u^n\|_\infty + r(\|u^n\|_\infty + \|u^n\|_\infty) = \|u^n\|_\infty.$$

从而

$$\|u^{n+1}\|_\infty \leqslant \|u^n\|_\infty.$$

依次递推下去, 我们得

$$\|u^n\|_\infty \leqslant \|u^0\|_\infty.$$

通过稳定性定义可知显式差分格式的稳定性. □

3.3 数值模拟

考虑扩散方程的第一初边值问题:

$$\begin{cases} \dfrac{\partial u}{\partial t} = \dfrac{\partial^2 u}{\partial x^2}, & 0 < x < 1, t > 0, \\ u(x,0) = \sin(\pi x), & 0 \leqslant x \leqslant 1, \\ u(0,t) = u(1,t) = 0, & t \geqslant 0, \end{cases}$$

用分离变量法可得其解析解为 $u(x,t) = \mathrm{e}^{-\pi^2 t}\sin(\pi t)$.

(1) 取 $h = 0.1, r = \dfrac{\tau}{h^2} = 0.05$, 即 $\tau = 0.0005$ 用古典显格式计算得到 $t = 0.5$ 时的精确解和数值解及误差曲面分别如图 3.2 和图 3.3 所示. 图示说明该差分格式收敛, 且数值解对精确解的拟合效果很好.

(2) 取 $h = 0.1, r = \dfrac{\tau}{h^2} = 1$, 即 $\tau = 0.01$, 用古典显格式计算得到 $t = 0.5$ 的数值结果与 (1) 中的结果作比较, 结果见表 3.1.

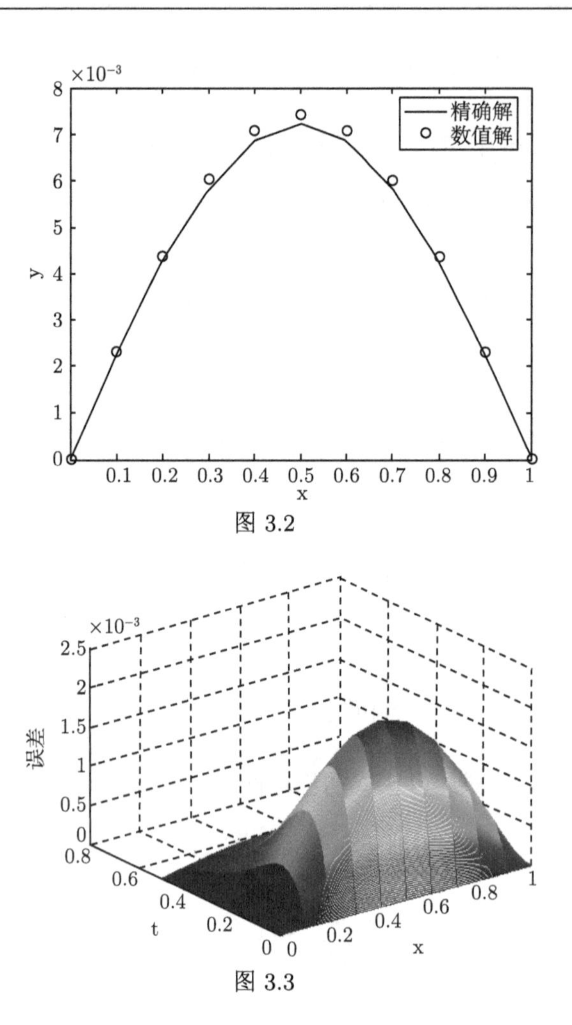

图 3.2

图 3.3

表 3.1

x_j	$u_j^{1000}(r=0.05)$	$u_j^{50}(r=1)$	$u(x_j,0.5)$	ε_j^{1000}
0.1	0.002222414	0.002286521	−39698.42776	6.41066E−05
0.2	0.004227283	0.004349221	82421.31268	0.000121938
0.3	0.005818356	0.005986189	−128257.3885	0.000167833
0.4	0.006839888	0.007037187	172719.7511	0.0001973
0.5	0.007191883	0.007399337	−207185.0967	0.000207453
0.6	0.006839888	0.007037187	221369.4626	0.0001973
0.7	0.005818356	0.005986189	−206974.2753	0.000167833
0.8	0.004227283	0.004349221	161138.1995	0.000121938
0.9	0.002222414	0.002286521	−88348.13933	6.41066E−05

其中 $u(x_j,0.5)$ 为精确解的值, $\varepsilon_j^{1000}=\left|u(x_j,0.5)-u_j^{1000}\right|$. 可以看出, 当 $r=1$ 时, 数值解是完全不正确的, 这是由算法的不稳定性引起的.

习 题 3

1. 用显式差分格式给出初边值问题 $\begin{cases} \dfrac{\partial u}{\partial t}=\dfrac{\partial^2 u}{\partial x^2}, & 0<x<1, t>0, \\ u(x,0)=\sin \pi x, & 0 \leqslant x \leqslant 1, \\ u(0,t)=u(1,t)=0, & t \geqslant 0 \end{cases}$ 的近似解 $\left(h=0.1, \lambda=\dfrac{\tau}{h^2}=0.1\right)$.

2. 证明初边值问题 $\begin{cases} \dfrac{\partial u}{\partial t}=\dfrac{\partial^2 u}{\partial x^2}-u, & 0<x<1, t>0, \\ u(x,0)=\varphi(x), & 0 \leqslant x \leqslant 1, \\ u(0,t)=f(x), u(1,t)=g(x), & t \geqslant 0 \end{cases}$ 显式差分格式的稳定性.

3. 计算热传导方程的加权平均差分格式

$$
\begin{aligned}
u_j^{n+1}-u_j^n= & \theta a \frac{\tau}{h^2}\left(u_{j+1}^{n+1}-2 u_j^{n+1}+u_{j-1}^{n+1}\right) \\
& +(1-\theta) a \frac{\tau}{h^2}\left(u_{j+1}^n-2 u_j^n+u_{j-1}^n\right), \quad 0 \leqslant \theta \leqslant 1
\end{aligned}
$$

的截断误差.

4. 计算热传导方程的三层加权平均差分格式

$$
\begin{aligned}
u_j^{n+1}-u_j^{n-1}= & \frac{2 a \tau}{h^2}\left[\theta\left(u_{j+1}^{n+1}-2 u_j^{n+1}+u_{j-1}^{n+1}\right)\right. \\
& \left.+(1-2 \theta)\left(u_{j+1}^n-2 u_j^n+u_{j-1}^n\right)+\theta\left(u_{j+1}^{n-1}-2 u_j^{n-1}+u_{j-1}^{n-1}\right)\right]
\end{aligned}
$$

的截断误差 $\left(0 \leqslant \theta \leqslant \dfrac{1}{2}\right)$.

5. 证明差分格式

$$
\begin{aligned}
u_j^{n+1}-u_j^n= & \theta a \frac{\tau}{h^2}\left(u_{j+1}^{n+1}-2 u_j^{n+1}+u_{j-1}^{n+1}\right) \\
& +(1-\theta) a \frac{\tau}{h^2}\left(u_{j+1}^n-2 u_j^n+u_{j-1}^n\right), \quad 0 \leqslant \theta \leqslant 1
\end{aligned}
$$

当 $\dfrac{1}{2} \leqslant \theta \leqslant 1$ 时恒稳定.

6. 证明差分格式

$$
\begin{aligned}
u_j^{n+1}-u_j^{n-1}= & \frac{2 a \tau}{h^2}\left[\theta\left(u_{j+1}^{n+1}-2 u_j^{n+1}+u_{j-1}^{n+1}\right)\right. \\
& \left.+(1-2 \theta)\left(u_{j+1}^n-2 u_j^n+u_{j-1}^n\right)+\theta\left(u_{j+1}^{n-1}-2 u_j^{n-1}+u_{j-1}^{n-1}\right)\right]
\end{aligned}
$$

恒稳定.

7. 用 Fourier 方法证明热传导方程显差分格式稳定的充要条件是

$$
\frac{\tau a}{h^2}(1-2 \theta) \leqslant \frac{1}{2} \quad\left(0 \leqslant \theta \leqslant \frac{1}{2}\right).
$$

第3章电子课件

8. 证明热传导方程的 Grank-Nicolson 差分格式解的存在性.

第 4 章　双曲型方程的有限差分方法

双曲型方程是偏微分方程中的一大类, 本章通过有限差分方法对其数值解法进行探讨, 根据双曲型方程固有的特性构造差分格式, 并探索其有限差分方法. 首先, 我们选取经典的波动方程来探讨其差分方法, 引入了著名的偏微分方程解法稳定的必要条件——CFL 条件; 其次, 我们根据双曲方程具有特征和特征关系, 以及其解对初值有局部依赖性质, 构造迎风格式和积分守恒差分格式, 并介绍其他各类差分格式, 给出稳定性条件和截断误差阶; 最后, 我们给出数值模拟例子.

4.1　引　　言

双曲型方程 (组) 是描述振动现象或者波动现象的一类重要的偏微分方程. 双曲型方程的一个典型例子是波动方程 (4.1.1), 它刻画了在空间以特定形式传播的物理量或它的扰动, 即所谓波的运动, 并且在很多科学与工程领域中有着重要应用, 例如空气动力学、非线性弹性力学、石油勘探等.

在本节, 我们首先介绍线性波动方程的一些基本类型, 然后介绍一维波动方程通解的解法——特征线方法.

线性双曲型微分方程有如下类型:

(a) 一阶线性双曲型方程

$$\frac{\partial u}{\partial t}+a(x)\frac{\partial u}{\partial x}=0,$$

其中 $a(x)$ 为非零函数.

(b) 一阶常系数线性双曲型方程组

$$\frac{\partial u}{\partial t}+A\frac{\partial u}{\partial x}=0,$$

其中 A 为 s 阶常数方程方阵, u 为未知向量函数.

(c) 二阶线性双曲型方程 (波动方程)

$$\frac{\partial^2 u}{\partial t^2}-\frac{\partial}{\partial x}\left(a(x)\frac{\partial u}{\partial x}\right)=0,$$

其中 $a(x)$ 为非负函数.

(d) 二维或三维空间变量的波动方程

$$\frac{\partial^2 u}{\partial t^2} - a^2\left(\frac{\partial^2 u}{\partial x^2} + \frac{\partial^2 u}{\partial y^2}\right) = 0,$$

$$\frac{\partial^2 u}{\partial t^2} - a^2\left(\frac{\partial^2 u}{\partial x^2} + \frac{\partial^2 u}{\partial y^2} + \frac{\partial^2 u}{\partial z^2}\right) = 0,$$

其中 a 为非零常数.

线性双曲型偏微方程中最简单的模型是一维波动方程:

$$\frac{\partial^2 u}{\partial t^2} = a^2\frac{\partial^2 u}{\partial x^2}, \tag{4.1.1}$$

其中 $a > 0$ 是常数. 式 (4.1.1) 可表示为 $\dfrac{\partial^2 u}{\partial t^2} - a^2\dfrac{\partial^2 u}{\partial x^2} = 0$.

进一步有

$$\left(\frac{\partial}{\partial t} - a\frac{\partial}{\partial x}\right) \cdot \left(\frac{\partial}{\partial t} + a\frac{\partial}{\partial x}\right) u = 0.$$

由于当 $\dfrac{\mathrm{d}x}{\mathrm{d}t} = \pm a$ 时 $\dfrac{\partial}{\partial t} \pm a\dfrac{\partial}{\partial x}$ 为 $u(x,t)$ 的全导数 $\left(\dfrac{\mathrm{d}u}{\mathrm{d}t} = \dfrac{\partial u}{\partial t} + \dfrac{\partial u}{\partial x} \cdot \dfrac{\mathrm{d}x}{\mathrm{d}t} = \dfrac{\partial u}{\partial t} \pm a\dfrac{\partial u}{\partial x}\right)$, 故由此定出两个方向

$$\frac{\mathrm{d}t}{\mathrm{d}x} = \pm\frac{1}{a}, \tag{4.1.2}$$

称之为特征方向. 解常微分方程 (4.1.2), 得到两族直线

$$x + at = C_1 \quad 和 \quad x - at = C_2, \tag{4.1.3}$$

称其为特征.

特征是偏微分方程理论中的重要概念, 它决定了方程的分类和定解问题的提法, 对偏微分方程解的性质及求解方法有很大的影响. 因此, 特征在研究波动方程的各种定解问题时, 亦起着非常重要的作用. 比如, 我们可通过特征给出式 (4.1.1) 的通解 (行波法、特征线法).

将式 (4.1.3) 视为 (x,t) 与 (C_1, C_2) 之间的变量替换. 由复合函数的微分法则,

$$\frac{\partial u}{\partial x} = \frac{\partial u}{\partial C_1} \cdot \frac{\partial C_1}{\partial x} + \frac{\partial u}{\partial C_2} \cdot \frac{\partial C_2}{\partial x} = \frac{\partial u}{\partial C_1} + \frac{\partial u}{\partial C_2},$$

$$\begin{aligned}\frac{\partial^2 u}{\partial x^2} &= \frac{\partial}{\partial C_1}\left(\frac{\partial u}{\partial C_1}+\frac{\partial u}{\partial C_2}\right)\frac{\partial C_1}{\partial x}+\frac{\partial}{\partial C_2}\left(\frac{\partial u}{\partial C_1}+\frac{\partial u}{\partial C_2}\right)\frac{\partial C_2}{\partial x}\\ &= \frac{\partial^2 u}{\partial C_1^2}+\frac{\partial^2 u}{\partial C_1\partial C_2}+\frac{\partial^2 u}{\partial C_2\partial C_1}+\frac{\partial^2 u}{\partial C_2^2}\\ &= \frac{\partial^2 u}{\partial C_1^2}+2\frac{\partial^2 u}{\partial C_1\partial C_2}+\frac{\partial^2 u}{\partial C_2^2}.\end{aligned}$$

同理可得

$$\frac{\partial C_1}{\partial t}=a\frac{\partial t}{\partial t}=a,\quad \frac{\partial C_2}{\partial t}=-a,$$

$$\frac{\partial u}{\partial t}=\frac{\partial u}{\partial C_1}\frac{\partial C_1}{\partial t}+\frac{\partial u}{\partial C_2}\frac{\partial C_2}{\partial t}=a\left(\frac{\partial u}{\partial C_1}-\frac{\partial u}{\partial C_2}\right),$$

$$\begin{aligned}\frac{\partial^2 u}{\partial t^2} &= \frac{\partial}{\partial C_1}\left[a\left(\frac{\partial u}{\partial C_1}-\frac{\partial u}{\partial C_2}\right)\right]\frac{\partial C_1}{\partial t}+\frac{\partial}{\partial C_2}\left[a\left(\frac{\partial u}{\partial C_1}-\frac{\partial u}{\partial C_2}\right)\right]\frac{\partial C_2}{\partial t}\\ &= -a^2\left(\frac{\partial^2 u}{\partial C_2\partial C_1}-\frac{\partial^2 u}{\partial C_1^2}\right)-a^2\left(\frac{\partial^2 u}{\partial C_1\partial C_2}-\frac{\partial^2 u}{\partial C_2^2}\right)\\ &= a^2\left(\frac{\partial^2 u}{\partial C_1^2}-2\frac{\partial^2 u}{\partial C_1\partial C_2}+\frac{\partial^2 u}{\partial C_2^2}\right).\end{aligned}$$

将 $\frac{\partial^2 u}{\partial x^2}$ 和 $\frac{\partial^2 u}{\partial t^2}$ 代入式 (4.1.1) 可得

$$a^2\left(\frac{\partial^2 u}{\partial C_1^2}-2\frac{\partial^2 u}{\partial C_1\partial C_2}+\frac{\partial^2 u}{\partial C_2^2}\right)=a^2\left(\frac{\partial^2 u}{\partial C_1^2}+2\frac{\partial^2 u}{\partial C_1\partial C_2}+\frac{\partial^2 u}{\partial C_2^2}\right),$$

即有

$$\frac{\partial^2 u}{\partial C_1\partial C_2}=0.$$

求其对 C_2 的积分得 $\frac{\partial u}{\partial C_1}=f(C_1)$, 其中 $f(C_1)$ 是 C_1 的任意可微函数.

再求其对 C_1 的积分得

$$u(x,t)=\int f(C_1)\mathrm{d}C_1=f_1(C_2)+f_2(C_1)=f_1(x-at)+f_2(x+at),\qquad(4.1.4)$$

其中 $f_1(\cdot)$ 和 $f_2(\cdot)$ 均为任意的二次连续可微函数.

式 (4.1.4) 为 (4.1.1) 的通解, 即包含两个任意函数的解. 为了确定函数 $f_1(x-at)$ 和 $f_2(x+at)$ 的具体形式, 给定 u 在 x 轴的初值

$$\begin{cases} u|_{t=0}=\varphi(x), & -\infty<x<+\infty, \\ \left.\dfrac{\partial u}{\partial t}\right|_{t=0}=\psi(x), & -\infty<x<+\infty \end{cases} \tag{4.1.5}$$

及边值

$$u(0,t)=\alpha(t), \quad u(1,t)=\beta(t), \quad 0\leqslant t\leqslant T. \tag{4.1.6}$$

将式 (4.1.4) 代入上式, 则有

(i) $f_1(x)+f_2(x)=\varphi_0(x)$.

注意 $u_t(x,t)=f_1'(x-at)(-a)+f_2'(x+at)a$; $u_t(x,0)=(f_2'(x)-f_1'(x))\,a$.

(ii) $u_t(x,t)=f_1'(x-at)(-a)+f_2'(x+at)a$; $f_2'(x)-f_1'(x)=\dfrac{1}{a}\varphi_1(x)$.

并对 x 积分一次, 得

$$f_2(x)-f_1(x)=\frac{1}{a}\int_0^x\varphi_1(\xi)\mathrm{d}\xi+C.$$

与式 (i) 联立求解, 得

$$f_2(x)=\frac{1}{2}\varphi_0(x)+\frac{1}{2a}\int_0^x\varphi_1(\xi)\mathrm{d}\xi+\frac{C}{2},$$

$$f_1(x)=\frac{1}{2}\varphi_0(x)-\frac{1}{2a}\int_0^x\varphi_1(\xi)\mathrm{d}\xi-\frac{C}{2}.$$

将其代入通解中, 即得式 (4.1.1) 在 (4.1.5) 条件下的解:

$$u(x,t)=\frac{1}{2}\left[\varphi_0(x-at)+\varphi_0(x+at)\right]+\frac{1}{2a}\int_{x-at}^{x+at}\varphi_1(\xi)\mathrm{d}\xi, \tag{4.1.7}$$

即为法国数学家 Jean Le Rond d'Alembert (达朗贝尔, 1717—1783) 提出的著名的 d'Alembert 公式.

由 d'Alembert 公式还可以导出解的稳定性, 即当初始条件 (4.1.5) 仅有微小的误差时, 其解也只有微小的改变. 如有两组初始条件:

$$\begin{cases} u_1(x,0)=\varphi_0(x), & (u_1)_t(x,0)=\tilde{\varphi}_0(x), \\ u_2(x,0)=\varphi_1(x), & (u_2)_t(x,0)=\tilde{\varphi}_1(x), \end{cases} \quad -\infty<x<+\infty$$

满足 $|\varphi_0-\tilde{\varphi}_0|<\delta, |\varphi_1-\tilde{\varphi}_1|<\delta$, 则

$$|u_1(x,t)-u_2(x,t)|\leqslant \frac{1}{2}\left|\varphi_0(x-at)+\tilde{\varphi}_0(x+at)\right|+\frac{1}{2}\left|\varphi_1(x-at)+\tilde{\varphi}_1(x+at)\right| + \frac{1}{2a}\int_{x-at}^{x+at}|\varphi_1(\xi)-\tilde{\varphi}_1(\xi)|\,\mathrm{d}\xi,$$

即

$$|u_1(x,t)-u_2(x,t)|\leqslant \frac{1}{2}\delta+\frac{1}{2}\delta+\frac{1}{2a}\delta\cdot 2at=(1+t)\delta.$$

显然, 当 t 有限时, 解是稳定的.

此外, 由 d'Alembert 公式可以看出, 解在 (x_0,t_0) 点 $(t_0>0)$ 的值仅依赖于 x 轴上区间 $[x_0-at_0,x_0+at_0]$ 内的初始值 $\varphi_0(x)$, $\varphi_1(x)$, 与其他点上的初始条件无关. 故称区间 $[x_0-at_0,x_0+at_0]$ 为点 (x_0,t_0) 的依存域. 它是过点 (x_0,t_0) 的两条斜率分别为 $\pm\frac{1}{a}$ 的直线在 x 轴上截得的区间.

对于初始轴 $t=0$ 上的区间 $[x_1,x_2]$, 过 x_1 点作斜率为 $\frac{1}{a}$ 的直线 $x=x_1+at$; 过 x_1 点作斜率为 $-\frac{1}{a}$ 的直线 $x=x_2-at$. 它们和区间 $[x_1,x_2]$ 一起构成一个三角区域. 此三角区域中任意点 (x,t) 的依存区间都落在 $[x_1,x_2]$ 内部. 所以解在此三角形区域中的数值完全由区间 $[x_1,x_2]$ 上的初始条件确定, 而与区间外的初始条件无关. 这个三角形区域称为区间 $[x_1,x_2]$ 的决定域 (图 4.1(a)). 在 $[x_1,x_2]$ 上给定初始条件, 就可以在其决定域中确定初值问题的解.

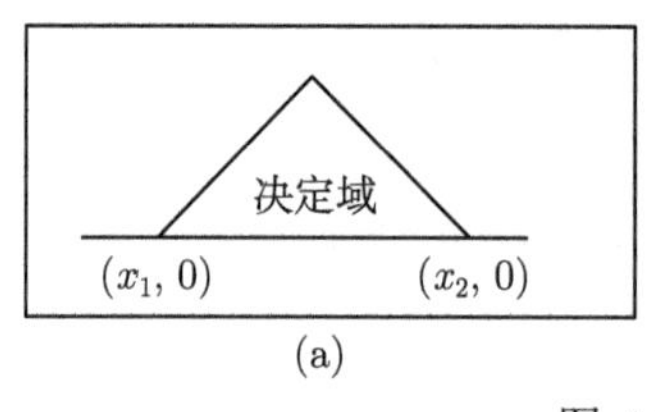

(a)　　(b)

图 4.1

从 d'Alembert 公式还可以看出, 对 x 轴上任一点 $(x_0,0)$, 依存域包含 $(x_0,0)$ 的一切 (x,t) 的集合恰好是以 $(x_0,0)$ 为顶点, 过 $(x_0,0)$ 的特征 $x-at=x_0$ 和 $x+at=x_0(t>0)$ 为边的角形域, 称之为 $(x_0,0)$ 的影响域 (图 4.1(b)).

4.2　波动方程的差分格式

本节介绍波动方程的显式差分格式和隐式差分格式.

4.2.1 波动方程显式差分格式的建立

现在构造波动方程

$$\frac{\partial^2 u}{\partial t^2}=a^2\frac{\partial^2 u}{\partial x^2}+f(x,t) \tag{4.2.1}$$

的差分逼近. 首先对求解区域

$$\Xi=\{(x,t)\,|\,0\leqslant x\leqslant 1,0\leqslant t\leqslant T\}$$

进行剖分. 设 l 和 m 为正整数, 令 $x_j=jh,0\leqslant j\leqslant l,t_k=k\tau,0\leqslant k\leqslant m$, 其中 $h=1/l,\tau=T/m$. 此时, h 和 τ 分别称为空间步长和时间步长. 用两族平行直线

$$x=x_j,\quad 0\leqslant j\leqslant l,$$

$$t=t_k,\quad 0\leqslant k\leqslant m$$

将 Ξ 分割成矩形网格. 记 $\Xi_h=\{x_j|0\leqslant j\leqslant l\}$, $\Xi_\tau=\{t_k|0\leqslant k\leqslant m\}$, $\Xi_{h\tau}=\Xi_h\times\Xi_\tau$, 则称 (x_j,t_k) 为节点, $t=t_k$ 时的节点 $\{(x_j,t_k)|0\leqslant j\leqslant l\}$ 为第 k 层节点. 对于定义在 $\Xi_{h\tau}$ 上的网格函数

$$v=\left\{v_j^k\,|0\leqslant j\leqslant l,0\leqslant k\leqslant m\right\},$$

记

$$\delta_t^2 v_j^k=\frac{1}{\tau^2}(v_j^{k+1}-2v_j^k+v_j^{k-1}).$$

定义 $\Xi_{h\tau}$ 的网格函数

$$U=\left\{U_j^k\,|0\leqslant j\leqslant l,0\leqslant k\leqslant m\right\},$$

这里

$$U_j^k=u(x_j,t_k),\quad 0\leqslant j\leqslant l,\quad 0\leqslant k\leqslant m.$$

接下来, 我们考虑在节点 (x_j,t_k) 的定解问题 (4.2.1), 则有

$$\frac{\partial^2 u(x_j,t_k)}{\partial t^2}-a^2\frac{\partial^2 u(x_j,t_k)}{\partial x^2}=f(x_j,t_k),\quad 1\leqslant j\leqslant l-1,\quad 1\leqslant k\leqslant m-1. \tag{4.2.2}$$

把

$$\begin{aligned}\frac{\partial^2 u(x_j,t_k)}{\partial x^2}&=\frac{u(x_{j-1},t_k)-2u(x_j,t_k)+u(x_{j+1},t_k)}{h^2}-O(h^2)\\&=\delta_x^2U_j^k-O(h^2),\quad x_{j-1}<\xi_{jk}<x_{j+1}\end{aligned} \tag{4.2.3}$$

与

$$\frac{\partial^2 u(x_j,t_k)}{\partial t^2}=\frac{u(x_j,t_{k-1})-2u(x_j,t_k)+u(x_j,t_{k+1})}{h^2}-O(\tau^2)$$
$$=\delta_t^2U_j^k-O(\tau^2),\quad t_{k-1}<\eta_{jk}<t_{k+1} \tag{4.2.4}$$

代入式 (4.2.2), 可得

$$\delta_t^2U_j^k-a^2\delta_x^2U_j^k=f(x_j,t_k)+O(\tau^2+h^2),$$
$$1\leqslant j\leqslant l-1,\quad 1\leqslant k\leqslant m-1. \tag{4.2.5}$$

由初值条件 (4.1.5)、边值条件 (4.1.6), 可知

$$U_j^0=\varphi(x_j),\quad 1\leqslant j\leqslant l-1, \tag{4.2.6}$$

$$U_0^k=\alpha(t_k),\quad U_l^k=\beta(t_k),\quad 0\leqslant k\leqslant m. \tag{4.2.7}$$

由方程 (4.2.1), 有

$$\frac{\partial^2 u(x,t_0)}{\partial t^2}=a^2\frac{\partial^2 u(x,t_0)}{\partial x^2}+f(x,t_0)=a^2\varphi''(x)+f(x,t_0).$$

根据 Taylor 展开式及式 (4.1.5) 得

$$U_j^1=u(x_j,t_0)+\tau\frac{\partial u(x_j,t_0)}{\partial t}+\frac{1}{2}\tau^2\frac{\partial^2 u(x_j,t_0)}{\partial t^2}+\frac{1}{2}\int_0^\tau(\tau-t)^2\frac{\partial^3 u(x_j,t)}{\partial t^3}\mathrm{d}t$$
$$=\varphi(x_j)+\tau\psi(x_j)+\frac{1}{2}\tau^2[a^2\varphi''(x_j)+f(x_j,t_0)]$$
$$+\frac{1}{2}\int_0^\tau(\tau-t)^2\frac{\partial^3 u(x_j,t)}{\partial t^3}\mathrm{d}t,\quad 1\leqslant j\leqslant l-1. \tag{4.2.8}$$

对于式 (4.2.5)—(4.2.8), 略去无穷小量项

$$O(\tau^2+h^2). \tag{4.2.9}$$

记

$$r_j^{(1)}=\frac{1}{2}\int_0^\tau(\tau-t)^2\frac{\partial^3 u(x_j,t)}{\partial t^3}\mathrm{d}t,\quad 1\leqslant j\leqslant l-1, \tag{4.2.10}$$

用 u_j^k 代替 $u(x_i,t_k)$, 可得式 (4.1.5), (4.1.6), (4.2.1) 的差分格式

$$\delta_t^2u_j^k-a^2\delta_x^2u_j^k=f(x_j,t_k),\quad 1\leqslant j\leqslant l-1,\quad 1\leqslant k\leqslant m-1, \tag{4.2.11}$$

$$u_j^0 = \varphi(x_j), \quad 1 \leqslant j \leqslant l-1, \tag{4.2.12}$$

$$u_j^1 = \varphi(x_j) + \tau\psi(x_j) + \frac{1}{2}\tau^2[a^2\varphi''(x_j) + f(x_j, t_0)], \quad 1 \leqslant j \leqslant l-1, \tag{4.2.13}$$

$$u_0^k = \alpha(t_k), \quad u_l^k = \beta(t_k), \quad 0 \leqslant k \leqslant m. \tag{4.2.14}$$

这是一个 3 层显式差分格式.

记

$$u^k = (u_0^k, u_1^k, \cdots, u_{l-1}^k, u_l^k),$$

由式 (4.2.12)—(4.2.14) 知 u^0 和 u^1 已知. 现在假设 u^{k-1} 和 u^k 已知, 记 $r = a\tau/h$ 为步长比, 由式 (4.2.11) 可得

$$u_j^{k+1} = r^2 u_{j-1}^k + 2(1-r^2)u_j^k + r^2 u_{j+1}^k - u_j^{k-1} + \tau^2 f(x_j, t_k), \quad 1 \leqslant j \leqslant l-1.$$

易知 u^{k+1}. 因而差分格式 (4.2.12)—(4.2.14) 是显式的, 对于任意的步长比 r, 均是唯一可解的.

式 (4.2.11) 可写成如下矩阵形式

$$\begin{pmatrix} u_1^{k+1} \\ u_2^{k+1} \\ \vdots \\ u_{l-2}^{k+1} \\ u_{l-1}^{k+1} \end{pmatrix} = \begin{pmatrix} 2(1-r^2) & r^2 & & & \\ r^2 & 2(1-r^2) & r^2 & & \\ & \ddots & \ddots & \ddots & \\ & & r^2 & 2(1-r^2) & r^2 \\ & & & r^2 & 2(1-r^2) \end{pmatrix} \begin{pmatrix} u_1^k \\ u_2^k \\ \vdots \\ u_{l-2}^k \\ u_{l-1}^k \end{pmatrix}$$

$$- \begin{pmatrix} u_1^{k-1} \\ u_2^{k-1} \\ \vdots \\ u_{l-2}^{k-1} \\ u_{l-1}^{k-1} \end{pmatrix} + \begin{pmatrix} \tau^2 f(x_1, t_k) + r^2 u_0^k \\ \tau^2 f(x_2, t_k) \\ \vdots \\ \tau^2 f(x_{l-2}, t_k) \\ \tau^2 f(x_{l-1}, t_k) + r^2 u_l^k \end{pmatrix}, \quad 1 \leqslant k \leqslant m-1.$$

4.2.2 波动方程隐式差分格式的建立

上一小节介绍的是波动方程的显式差分格式, 要求步长比 $r < 1$, 接下来给出一个无条件稳定的差分格式. 在节点 (x_j, t_k) 上考虑定解问题 (4.2.1), 有

$$\frac{\partial^2 u(x_j, t_k)}{\partial t^2} - a^2 \frac{\partial^2 u(x_j, t_k)}{\partial x^2} = f(x_j, t_k), \quad 1 \leqslant j \leqslant l-1, \quad 1 \leqslant k \leqslant m-1.$$

根据

$$\frac{\partial^2 u(x_j,t_k)}{\partial x^2}=\frac{1}{2}\left[\frac{\partial^2 u(x_j,t_{k-1})}{\partial x^2}+\frac{\partial^2 u(x_j,t_{k+1})}{\partial x^2}\right]-O(\tau^2),\quad t_{k-1}<\varsigma_{jk}<t_{k+1},$$

可得

$$\frac{\partial^2 u(x_j,t_k)}{\partial t^2}-\frac{a^2}{2}\left[\frac{\partial^2 u(x_j,t_{k-1})}{\partial x^2}+\frac{\partial^2 u(x_j,t_{k+1})}{\partial x^2}\right]=f(x_j,t_k)-O(\tau^2).$$

再利用式 (4.2.3) 和 (4.2.4), 可得

$$\delta_t^2 U_j^k-\frac{a^2}{2}(\delta_x^2 U_j^{k-1}+\delta_x^2 U_j^{k+1})=f(x_j,t_k)+O(\tau^2+h^2).\tag{4.2.15}$$

在点 (x_j,t_0) 处考虑微分方程 (4.2.1), 则有

$$\begin{aligned}&\frac{\partial^2 u(x_j,t_0)}{\partial t^2}-\frac{a^2}{2}\left[\frac{\partial^2 u(x_j,t_1)}{\partial x^2}+\frac{\partial^2 u(x_j,t_0)}{\partial x^2}\right]\\=&f(x_j,t_0)-\frac{a^2}{2}\left[\frac{\partial^2 u(x_j,t_1)}{\partial x^2}-\frac{\partial^2 u(x_j,t_0)}{\partial x^2}\right],\quad 1\leqslant j\leqslant l-1.\end{aligned}\tag{4.2.16}$$

利用 Taylor 公式, 可知

$$\frac{\partial^2 u(x_j,t_0)}{\partial t^2}=\frac{2}{\tau}\left[\delta_t U_j^{\frac{1}{2}}-u_t(x_j,t_0)\right]-O(\tau),$$

$$\frac{\partial^2 u(x_j,t_k)}{\partial x^2}=\delta_x^2 U_j^{\frac{1}{2}}-O(h^2),\quad k=0,1,$$

将以上两式代入式 (4.2.16), 得

$$\begin{aligned}&\frac{2}{\tau}\left[\delta_t U_j^{\frac{1}{2}}-u_t(x_j,t_0)\right]-a^2\delta_x^2 U_j^{\frac{1}{2}}\\=&f(x_j,t_0)+O(\tau)-\frac{a^2}{2}\left[\frac{\partial^2 u(x_j,t_1)}{\partial x^2}-\frac{\partial^2 u(x_j,t_0)}{\partial x^2}\right]-O(h^2),\quad 1\leqslant j\leqslant l-1,\end{aligned}$$

即

$$\frac{2}{\tau}\left[\delta_t U_j^{\frac{1}{2}}-u_t(x_j,t_0)\right]-a^2\delta_x^2 U_j^{\frac{1}{2}}=f(x_j,t_0)+O(\tau+h^2),\quad 1\leqslant j\leqslant l-1,\tag{4.2.17}$$

由初值条件 (4.1.5)、边值条件 (4.1.6), 可知

$$U_j^0=\varphi(x_j),\quad 1\leqslant j\leqslant l-1,\tag{4.2.18}$$

$$U_0^k=\alpha(t_k),\quad U_l^k=\beta(t_k),\quad 0\leqslant k\leqslant m. \tag{4.2.19}$$

在式 (4.2.15) 和 (4.2.17) 中略去无穷小量项, 用 u_j^k 代替 U_j^k 得差分格式

$$\delta_t^2u_j^k-\frac{a^2}{2}\left(\delta_x^2u_j^{k-1}+\delta_x^2u_j^{k+1}\right)=f(x_j,t_k),\quad 1\leqslant j\leqslant l-1,\quad 1\leqslant k\leqslant m-1, \tag{4.2.20}$$

$$\frac{2}{\tau}\left[\delta_tu_j^{\frac{1}{2}}-\psi(x_j)\right]-a^2\delta_x^2u_j^{\frac{1}{2}}=f(x_j,t_0),\quad 1\leqslant j\leqslant l-1, \tag{4.2.21}$$

$$u_j^0=\varphi(x_j),\quad 1\leqslant j\leqslant l-1, \tag{4.2.22}$$

$$u_0^k=\alpha(t_k),\quad u_l^k=\beta(t_k),\quad 0\leqslant k\leqslant m. \tag{4.2.23}$$

这是一个 3 层隐式差分格式.

式 (4.2.20) 可改写成如下格式:

$$\begin{aligned}&-\frac{1}{2}r^2u_{j-1}^1+(2+r^2)u_j^1-\frac{1}{2}r^2u_{j+1}^1\\=&\frac{1}{2}r^2u_{j-1}^0+(2-r^2)u_j^0+\frac{1}{2}r^2u_{j+1}^0+2\tau\psi(x_j)+\tau^2f(x_j,t_0),\quad 1\leqslant j\leqslant l-1.\end{aligned}$$

因此式 (4.2.21) 可写成如下矩阵形式:

$$\begin{pmatrix}2+r^2 & -\frac{1}{2}r^2 & & & \\ -\frac{1}{2}r^2 & 2+r^2 & -\frac{1}{2}r^2 & & \\ & \ddots & \ddots & \ddots & \\ & & -\frac{1}{2}r^2 & 2+r^2 & -\frac{1}{2}r^2 \\ & & & -\frac{1}{2}r^2 & 2+r^2\end{pmatrix}\begin{pmatrix}u_1^1\\u_2^1\\\vdots\\u_{l-2}^1\\u_{l-1}^1\end{pmatrix}$$

$$=\begin{pmatrix}2-r^2 & \frac{1}{2}r^2 & & & \\ \frac{1}{2}r^2 & 2-r^2 & \frac{1}{2}r^2 & & \\ & \ddots & \ddots & \ddots & \\ & & \frac{1}{2}r^2 & 2-r^2 & \frac{1}{2}r^2 \\ & & & \frac{1}{2}r^2 & 2-r^2\end{pmatrix}\begin{pmatrix}u_1^0\\u_2^0\\\vdots\\u_{l-2}^0\\u_{l-1}^0\end{pmatrix}$$

$$+\begin{pmatrix} \frac{1}{2}r^2(u_0^1+u_0^0)+2\tau\psi(x_1)+\tau^2 f(x_1,t_0) \\ 2\tau\psi(x_2)+\tau^2 f(x_2,t_0) \\ \vdots \\ 2\tau\psi(x_{l-1})+\tau^2 f(x_{l-2},t_0) \\ \frac{1}{2}r^2(u_l^1+u_l^0)+2\tau\psi(x_{l-1})+\tau^2 f(x_{l-1},t_0) \end{pmatrix}.$$

由于其系数矩阵是严格对角占优的, 因此可知其有唯一解.

先假设已得到 $u^{k-1},u^k(k\geqslant 1)$, 式 (4.2.20) 可改写成如下格式:

$$\begin{aligned} &-\frac{1}{2}r^2u_{j-1}^{k-1}+(1+r^2)u_j^{k+1}-\frac{1}{2}r^2u_{j+1}^{k+1} \\ =&\frac{1}{2}r^2u_{j-1}^{k+1}-(1+r^2)u_j^{k-1}+\frac{1}{2}r^2u_{j+1}^{k-1}+2u_j^k+\tau^2 f(x_j,t_k), \\ &1\leqslant j\leqslant l-1,\quad 1\leqslant k\leqslant m-1. \end{aligned}$$

因此 (4.2.21) 可写成如下矩阵形式:

$$\begin{pmatrix} 1+r^2 & -\frac{1}{2}r^2 & & & \\ -\frac{1}{2}r^2 & 1+r^2 & -\frac{1}{2}r^2 & & \\ & \ddots & \ddots & \ddots & \\ & & -\frac{1}{2}r^2 & 1+r^2 & -\frac{1}{2}r^2 \\ & & & -\frac{1}{2}r^2 & 1+r^2 \end{pmatrix} \begin{pmatrix} u_1^{k+1} \\ u_2^{k+1} \\ \vdots \\ u_{l-2}^{k+1} \\ u_{l-1}^{k+1} \end{pmatrix}$$

$$=\begin{pmatrix} -(1+r^2) & \frac{1}{2}r^2 & & & \\ \frac{1}{2}r^2 & -(1+r^2) & \frac{1}{2}r^2 & & \\ & \ddots & \ddots & \ddots & \\ & & \frac{1}{2}r^2 & -(1+r^2) & \frac{1}{2}r^2 \\ & & & \frac{1}{2}r^2 & -(1+r^2) \end{pmatrix} \begin{pmatrix} u_1^{k-1} \\ u_2^{k-1} \\ \vdots \\ u_{l-2}^{k-1} \\ u_{l-1}^{k-1} \end{pmatrix}$$

$$
+\begin{pmatrix}
\dfrac{1}{2}r^2(u_0^{k+1}+u_0^{k-1})+2u_1^k+\tau^2 f(x_1,t_k) \\
2u_2^k+\tau^2 f(x_2,t_0) \\
\vdots \\
2\tau u_{l-2}^k+\tau^2 f(x_{l-2},t_0) \\
\dfrac{1}{2}r^2(u_l^{k+1}+u_l^{k-1})+2u_{l-1}^k+\tau^2 f(x_{l-1},t_k)
\end{pmatrix}, \quad 1\leqslant k\leqslant l-1.
$$

由于其系数矩阵是严格对角占优的, 因此其有唯一解.

从而可知差分格式 (4.2.20)—(4.2.23) 是唯一可解的.

4.3 数值模拟

例 求解

$$
\begin{aligned}
&u_{tt}=u_{xx}, \quad 0<x<1, \quad t>0,\\
&u(0,t)=u(1,t)=0, \quad t>0,\\
&u(x,0)=\sin 4\pi x, \quad u_t(x,0)=\sin 8\pi x, \quad 0<x<1
\end{aligned}
$$

(精确解: $u=\cos 4\pi t\sin 4\pi x+(\sin 8\pi t\sin 8\pi x)/8\pi$).

取空间步长 $h=1/J$, 时间步长 $\tau>0$, 网格比 $r=\tau/h$.

显格式:

$$
\begin{aligned}
&\frac{u_j^{n+1}-2u_j^n+u_j^{n-1}}{\tau^2}=\frac{u_{j+1}^n-2u_j^n+u_{j-1}^n}{h^2},\\
&u_0^n=u_J^n=0,\\
&u_j^0=\sin 4\pi x_j, \quad u_j^1=\sin 4\pi x_j+\tau\sin 8\pi x_j.
\end{aligned}
$$

方案 I $h=1/400=0.0025, \tau=1/500=0.002$, 此时 $r=4/5$. 计算 $t=1,2,3,4,5$ 的差分解.

方案 II $h=\tau=1/400=0.0025$, 此时 $r=1$. 计算 $t=1,2,3,4,5$ 的差分解.

图 4.2 给出的是数值解和精确解, 图 4.3 给出的是误差图.

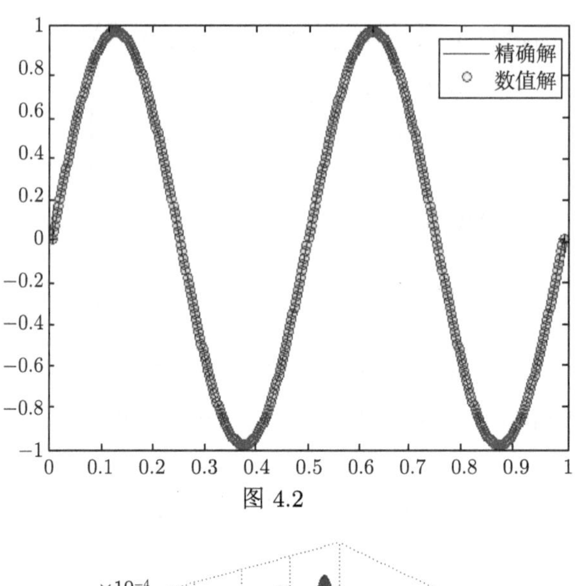

图 4.2

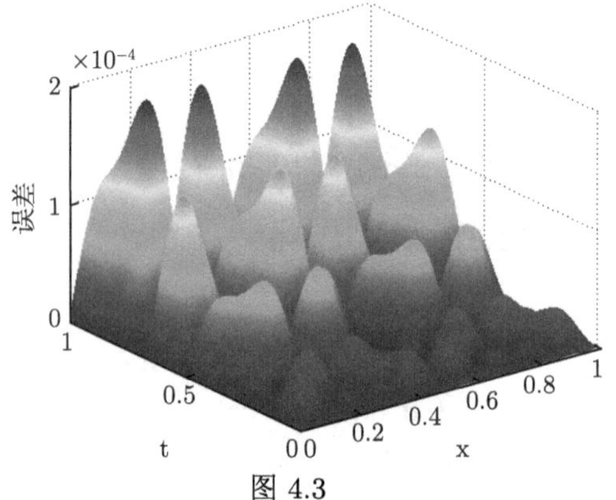

图 4.3

表 4.1 列出了方案 I, II 的差分解的误差阶. 从表中看出, 方案 II 的精度比 I 高很多, 这是因为格式当 $r=1$ 时截断误差有最高阶 $O(h^4)$, $r\neq 1$ 时截断误差的阶为 $O(h^2)$, 且时间层数受条件 $n\tau \leqslant 5$ 的限制.

表 4.1　差分解 x 的误差阶

方案	t				
	1	2	3	4	5
I	1.0×10^{-4}	1.0×10^{-3}	1.0×10^{-3}	1.0×10^{-3}	1.0×10^{-3}
II	1.0×10^{-13}	1.0×10^{-13}	1.0×10^{-13}	1.0×10^{-13}	1.0×10^{-13}

4.4　一阶双曲方程

双曲方程与椭圆方程和抛物方程的一个重要区别是, 双曲方程具有特征和特征关系, 其解对初值有局部依赖性质. 初值的函数性质 (如间断、弱间断等) 也沿着特征传播, 因而其解一般没有光滑性质. 我们在构造双曲方程的差分逼近时, 应充分注意这些特性.

下面对于一阶双曲方程, 介绍几种常见的差分格式.

4.4.1 迎风格式

首先考虑一阶线性常系数双曲方程

$$\frac{\partial u}{\partial t}+a\frac{\partial u}{\partial x}=0. \tag{4.4.1}$$

此方程虽简单, 但是对我们构造差分格式很有启发. 我们的主要目的是构造差分格式, 因此只限于考虑纯初值问题.

对于式 (4.4.1), 按照用差商代替微商的方法, 自然有如下三种格式:

左偏心格式

$$\frac{u_j^{n+1}-u_j^n}{\tau}+a\frac{u_j^n-u_{j-1}^n}{h}=0, \tag*{(4.4.2)$_1$}$$

右偏心格式

$$\frac{u_j^{n+1}-u_j^n}{\tau}+a\frac{u_{j+1}^n-u_j^n}{h}=0, \tag*{(4.4.2)$_2$}$$

中心格式

$$\frac{u_j^{n+1}-u_j^n}{\tau}+a\frac{u_{j+1}^n-u_{j-1}^n}{2h}=0, \tag*{(4.4.2)$_3$}$$

其中 $(4.4.2)_1$ 和 $(4.4.2)_2$ 的截断误差的阶为 $O(\tau+h)$, $(4.4.2)_3$ 的截断误差的阶为 $O\left(\tau+h^2\right)$.

记

$$r=\frac{a\tau}{h}. \tag{4.4.3}$$

将式 $(4.4.2)_1$—$(4.4.2)_3$ 改写为

$$u_j^{n+1}=ru_{j-1}^n+(1-r)\,u_j^n, \tag*{(4.4.2)$'_1$}$$

$$u_j^{n+1}=(1+r)\,u_j^n-ru_{j+1}^n, \tag*{(4.4.2)$'_2$}$$

$$u_j^{n+1}=u_j^n+\frac{r}{2}u_{j-1}^n-\frac{r}{2}u_{j+1}^n. \tag*{(4.4.2)$'_3$}$$

用 Fourier 方法分析稳定性可知, $(4.4.2)_3$ 绝对不稳定. 当 $a\geqslant 0$ 时, $(4.4.2)_2$ 不稳定, 而 $(4.4.2)_1$ 当 $\left|\frac{\tau}{h}a\right|\leqslant 1$ 时稳定; 当 $a\leqslant 0$ 时, $(4.4.2)_1$ 不稳定, 而 $(4.4.2)_2$ 当

$\left|\frac{\tau}{h}a\right| \leqslant 1$ 时稳定. 这两个稳定条件意味着差分方程的依存域必须包含微分方程的依存域.

同样的思想可用于构造变系数方程

$$\frac{\partial u}{\partial t} + a(x)\frac{\partial u}{\partial x} = 0$$

的差分格式. 此时 a 可能变号, 因此相应的格式为

$$\begin{cases} \dfrac{u_j^{n+1} - u_j^n}{\tau} + a_j \dfrac{u_j^n - u_{j-1}^n}{h} = 0, \quad a_j \geqslant 0, \\ \dfrac{u_j^{n+1} - u_j^n}{\tau} + a_j \dfrac{u_{j+1}^n - u_j^n}{h} = 0, \quad a_j < 0, \end{cases} \tag{4.4.4}$$

其中 $a_j = a(x_j)$.

稳定性条件为

$$\frac{\tau}{h} \max_j |a_j| \leqslant 1. \tag{4.4.5}$$

将 (4.4.4) 写成形式 $(4.4.2)_1'$, $(4.4.2)_2'$, 其中 $r = \left(\frac{\tau}{h}\right) a_j$. 由 (4.4.5) 知 $(4.4.2)_1'$ 和 $(4.4.2)_2'$ 右端的系数非负.

当 $a_j \geqslant 0$ 时,

$$\begin{aligned} \left\|U^{n+1}\right\|_\infty = \max_j \left|u_j^{n+1}\right| &\leqslant r_j \left|u_{j-1}^n\right| + (1 - r_j)\left|u_j^n\right| \\ &\leqslant (r_j + 1 - r_j) \max_j \left|u_j^n\right| = \|U^n\|_\infty . \end{aligned}$$

当 $a_j < 0$ 时,

$$\begin{aligned} \left\|U^{n+1}\right\|_\infty = \max_j \left|u_j^{n+1}\right| &\leqslant r_j \left|u_{j-1}^n\right| + (1 - r_j)\left|u_j^n\right| \\ &\leqslant (r_j + 1 - r_j) \max_j \left|u_j^n\right| = \|U^n\|_\infty , \end{aligned}$$

其中 U^n 是以 u_j^n 为分量的向量. 总之, $\left\|U^{n+1}\right\|_\infty \leqslant \|U^n\|_\infty$. 这说明 (4.4.4) 稳定, 按气体力学的含义 ($a(x)$ 表示气流速度), 称 (4.4.4) 为迎风格式.

初边值问题: 边值条件应该在迎风方向给出.

4.4.2 积分守恒的差分格式

迎风格式是根据特征走向构造出来的向前或向后差分格式. 现在以积分守恒方程出发构造差分格式.

所谓守恒方程是指如下散度型偏微分方程

$$\frac{\partial u}{\partial t}+\frac{\partial f(x,\ u)}{\partial x}=0. \tag{4.4.6}$$

设 G 是 x-t 平面中任意有界域, 由 Green (格林) 公式,

$$\iint\limits_{G}\left(\frac{\partial u}{\partial t}+\frac{\partial f(x,u)}{\partial x}\right)\mathrm{d}x\mathrm{d}t=\int_{\Gamma}(f\mathrm{d}t-u\mathrm{d}x),$$

其中 $\Gamma=\partial G$(取逆时针方向). 于是可将 (4.4.6) 写成积分守恒方程

$$\int_{\Gamma}(f\mathrm{d}t-u\mathrm{d}x)=0. \tag{4.4.7}$$

1. Lax 格式

首先, 我们从 (4.4.7) 出发构造所谓 Lax 格式.

设网格如图 4.4, 取 G 为 $A(j+1,n)$, $B(j+1,n+1)$, $C(j-1,n+1)$ 和 $D(j-1,n)$ 为顶点的开矩形. $\Gamma=\overline{ABCDA}$ 为其边界 (取逆时针方向), 则

$$\int_{\Gamma}(f\mathrm{d}t-u\mathrm{d}x)=\int_{\overline{DA}}(-u)\,\mathrm{d}x+\int_{\overline{BC}}(-u)\,\mathrm{d}x+\int_{\overline{AB}}f\mathrm{d}t+\int_{\overline{CD}}f\mathrm{d}t. \tag{4.4.8}$$

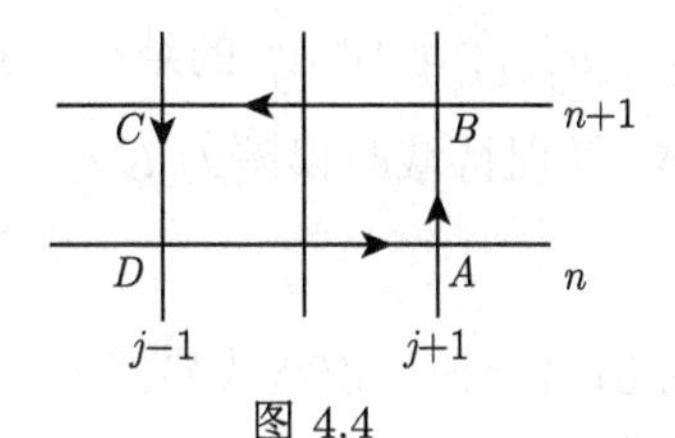

图 4.4

右端第一积分用梯形公式, 第二积分用中矩形公式, 即

$$\int_{\overline{DA}}(-u)\,\mathrm{d}x\approx-\frac{u_{j-1}^{n}+u_{j+1}^{n}}{2}\cdot 2h,\quad \int_{\overline{BC}}(-u)\,\mathrm{d}x\approx-u_{j}^{n+1}\cdot(-2h).$$

第三、第四积分用如下矩形公式计算:

$$\int_{\overline{AB}}f\mathrm{d}t\approx f_{j+1}^{n}\cdot\tau,\quad \int_{\overline{CD}}f\mathrm{d}t\approx f_{j-1}^{n}\cdot(-\tau).$$

从而有

$$\left(u_{j}^{n+1}-\frac{u_{j-1}^{n}+u_{j+1}^{n}}{2}\right)\cdot 2h+\left(f_{j+1}^{n}-f_{j-1}^{n}\right)\cdot\tau=0.$$

两端同除以 $2h\cdot\tau$ 得 Lax 格式

$$\frac{u_j^{n+1}-\frac{1}{2}\left(u_{j-1}^n+u_{j+1}^n\right)}{\tau}+\frac{f_{j+1}^n-f_{j-1}^n}{2h}=0, \tag{4.4.9}$$

其中 $f_j^n=f\left(x_j,u\left(x_j,t_n\right)\right)$, 此格式的截断误差为 $O\left(\tau+h^2\right)$.

特别地, 当 $f=au$ 时, Lax 格式为关于 $\frac{\partial u}{\partial t}+a\frac{\partial u}{\partial x}=0$ 的显格式:

$$\frac{u_j^{n+1}-\frac{1}{2}\left(u_{j-1}^n+u_{j+1}^n\right)}{\tau}+a\frac{u_{j+1}^n-u_{j-1}^n}{2h}=0,$$

即

$$u_j^{n+1}=\frac{1}{2}\left((1-r)\,u_{j+1}^n+(1+r)\,u_{j-1}^n\right),$$

其稳定性条件为 $\frac{|a|\,\tau}{h}\leqslant 1$.

现在回过头来看绝对不稳定格式 $(4.4.2)_3$,

$$\frac{u_j^{n+1}-u_j^n}{\tau}+a\frac{u_{j+1}^n-u_{j-1}^n}{2h}=0.$$

Lax 格式实际是用 $\frac{1}{2}\left(u_{j-1}^n+u_{j+1}^n\right)$ 取代 u_j^n 的结果, 这样一个变化就使得绝对不稳定格式成为条件稳定格式, 并保持截断误差为 $O\left(\tau+h^2\right)$.

2. 盒式格式

现在由积分守恒方程导出另一种所谓盒式格式.

如图 4.5 所示, 取 G 为以网点 $A(j,\,n)$, $B(j,\,n+1)$, $C(j-1,\,n+1)$ 和 $D(j-1,\,n)$ 为顶点的矩形, Γ 是 G 的边界. 此时积分型方程仍具有形式 (4.4.8). 右端各项积分用梯形公式近似, 则得

$$\frac{u_j^{n+1}-u_j^n}{\tau}+\frac{u_{j-1}^{n+1}-u_{j-1}^n}{\tau}+\frac{f_j^n-u_{j-1}^n}{h}+\frac{f_j^{n+1}-u_{j-1}^{n+1}}{h}=0. \tag{4.4.10}$$

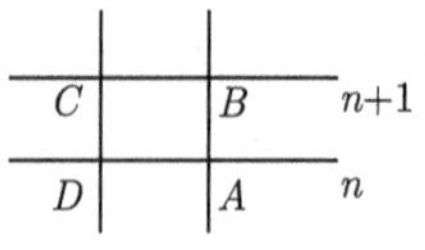

图 4.5

特别地, 以 $f=au$ 代入, 并令 $r=\tau/h$, 得

$$(1+au)\,u_j^{n+1}+(1-ar)\,u_{j-1}^{n+1}=(1-ar)\,u_j^n+(1+ar)\,u_{j-1}^n. \tag{4.4.11}$$

当 $a>0$ 时, 边值给在左端, 计算由左向右进行; 当 $a<0$ 时, 边值给在右端, 计算由右向左进行, 这些计算都是显式的. 用 Fourier 方法还可证明 (4.4.11) 恒稳定.

3. 其他差分格式

下面列出逼近方程

$$\frac{\partial u}{\partial t}+a\frac{\partial u}{\partial x}=0 \tag{4.4.12}$$

的其他一些差分格式及相关结果, 这些格式各有其特点. 以下用 $r=a\tau/h$ 表示网格比, 并令

$$\Delta_+u_j=u_{j+1}-u_j,\quad \Delta_-u_j=u_j-u_{j-1},\quad \Delta_0u_j=u_{j+1}-u_{j-1}.$$

(1) Bean-Warming (比恩-瓦明) 格式:

$$\begin{cases} u_j^*=u_j^n-r\Delta_-u_j^n,\\ u_j^{n+1}=\dfrac{1}{2}\left(u_j^n+u_j^*-r\Delta_-u_j^*-r\Delta_-\Delta_+u_{j-1}^n\right)\end{cases}$$

的稳定性条件: $0\leqslant |r|\leqslant 2$; 截断误差阶: $O\left(\tau^2\right)+O\left(\tau h\right)+O\left(h^2\right)$.

(2) MacCormack (麦科马克) 格式:

$$\begin{cases} u_j^*=u_j^n-r\Delta_+u_j^n,\\ u_j^{n+1}=\dfrac{1}{2}\left(u_j^n+u_j^*-r\Delta_-u_j^*\right)\end{cases}$$

的稳定性条件: $|r|\leqslant 1$; 截断误差阶: $O\left(\tau^2\right)+O\left(h^2\right)$.

(3) 隐式迎风格式:

$$\begin{cases} \dfrac{u_j^{n+1}-u_j^n}{\tau}+a\dfrac{u_j^{n+1}-u_{j-1}^{n+1}}{h}=0, & a\geqslant 0,\\ \dfrac{u_j^{n+1}-u_j^n}{\tau}+a\dfrac{u_{j+1}^{n+1}-u_j^{n+1}}{h}=0, & a<0\end{cases}$$

恒稳定, 截断误差阶: $O\left(\tau\right)+O\left(h\right)$.

(4) 隐式中心格式:

$$\frac{u_j^{n+1}-u_j^n}{\tau}+a\frac{u_{j+1}^{n+1}-u_{j-1}^{n+1}}{2h}=0$$

恒稳定, 截断误差阶: $O(\tau)+O\left(h^2\right)$.

(5) 蛙跳 (leap-frog) 格式:

$$\frac{u_j^{n+1}-u_j^{n-1}}{2\tau}+a\frac{u_{j+1}^{n}-u_{j-1}^{n}}{2h}=0$$

的稳定性条件: $|a\tau/h|\leqslant 1$; 截断误差阶: $O\left(\tau^2\right)+O\left(h^2\right)$.

4.4.3　数值模拟

例　求解对流占优扩散方程

$$u_t+bu_x=au_{xx},\quad t>0,\quad 0<x<\infty,$$

其中 $a,b>0$ 是常数. 定解条件为

$$u(x,0)=0,\quad x>0,$$

$$u(t,0)=u_0,\quad t\geqslant 0,\quad u_0\ \text{为正常数},$$

$$u(\infty,t)=0,\quad t\geqslant 0.$$

其精确解为

$$u(x,t)=\frac{u_0}{2}\left\{\operatorname{erfc}\left(\frac{x-bt}{2\sqrt{at}}\right)+\exp\left(\frac{bx}{a}\right)\operatorname{erfc}\left(\frac{x+bt}{2\sqrt{at}}\right)\right\},$$

其中误差函数为 $\operatorname{erfc}(x)=\dfrac{2}{\sqrt{\pi}}\displaystyle\int_{\pi}^{\infty}\mathrm{e}^{-t^2}\mathrm{d}t$.

现在采用隐式迎风格式:

$$\frac{u_j^{n+1}-u_j^n}{\tau}+b\frac{u_j^{n+1}-u_{j-1}^{n+1}}{h}=a\frac{u_{j+1}^{n+1}-2u_j^{n+1}+u_{j-1}^{n+1}}{h^2}.$$

设 $a=1,b=1,u_0=2$. 取 $h=0.5,\tau=0.02$. 利用上述格式可求得其解在 $t=25$ 和 $x=25$ 时的精确解和数值解, 如图 4.6 和图 4.7 所示. 数值实验表明, 采用隐式迎风格式是稳定的.

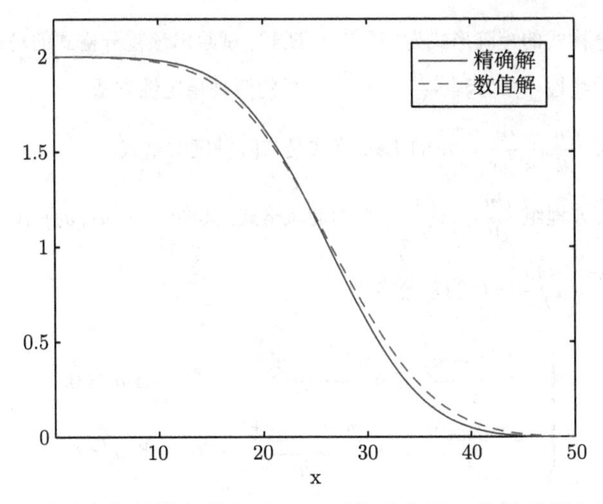

图 4.6 对流占优扩散方程在 $t=25$ 时关于空间 x 的精确解和数值解

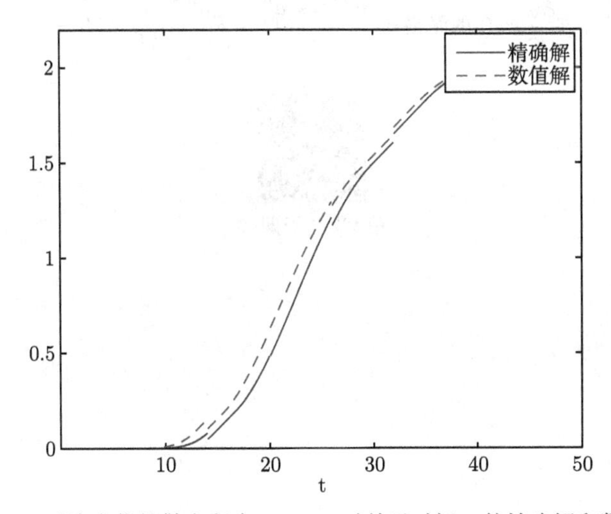

图 4.7 对流占优扩散方程在 $x=25$ 时关于时间 t 的精确解和数值解

习 题 4

1. 试推导二维波动方程的显格式, 并给出其稳定性条件.
2. 用差分法求解如下自由振动问题的周期解:

$$
\begin{cases}
\dfrac{\partial^2 u}{\partial^2 t}-\dfrac{\partial^2 u}{\partial^2 x}=0, \quad -\infty \leqslant x \leqslant +\infty, \\
u|_{t=0}=0, \quad \left.\dfrac{\partial u}{\partial t}\right|_{t=0}=\sin x, \\
u(0,t)=u(2\pi,t).
\end{cases}
$$

3. 设有一差分格式的矩阵形式为 $A^{n+1}=BA^n$, 试给出该差分格式的稳定性定义.

4. 试给出离散线性一阶方程 $\dfrac{\partial u}{\partial t}+a\dfrac{\partial u}{\partial x}=0$ 的两种稳定性方法.

5. 试证明求解 $\dfrac{\partial u}{\partial t}+\dfrac{\partial u}{\partial x}=0$ 的 Lax 格式是二阶精度的格式.

6. 试构造求解方程组 $\dfrac{\partial u}{\partial t}+A\dfrac{\partial u}{\partial x}=0$ 的迎风格式, 其中 $u=(u_1,u_2), A=\begin{pmatrix} 0 & -1 \\ -1 & 0 \end{pmatrix}$.

7. 试证明 $\dfrac{\partial u}{\partial t}+a\dfrac{\partial u}{\partial x}=0$ 的差分格式

$$\begin{cases} \dfrac{u_j^{n+1}-u_j^n}{\tau}+a\dfrac{u_j^{n+1}-u_{j-1}^{n+1}}{h}=0, & \text{当 } a\geqslant 0, \\ \dfrac{u_j^{n+1}-u_j^n}{\tau}+a\dfrac{u_{j+1}^{n+1}-u_j^{n+1}}{h}=0, & \text{当 } a<0 \end{cases}$$

是稳定的.

8. 试证明 $\dfrac{\partial u}{\partial t}+a\dfrac{\partial u}{\partial x}=0$ 的隐格式 $\dfrac{u_j^{n+1}-u_j^n}{\tau}+a\dfrac{u_{j+1}^{n+1}-u_{j-1}^{n+1}}{2h}=0$ 是稳定的.

第4章电子课件

第 5 章　分数阶微积分的相关概念及算法

分数阶微积分出现至今已有 300 多年的历史. 在发展初期, 由于没有物理、生物、化学等领域背景的支持, 关于分数阶微积分的研究大部分都停留在纯数学领域, 许多数学家, 如 Abel(阿贝尔)、Liouville(刘维尔)、Riemann(黎曼)、Grünwald(格朗沃德)、Letnikov(莱特尼科夫)、Hardy(哈代)、Littlewood(李特尔伍德)、Weyl(外尔)、Lévy(莱维)、Riesz(里斯)、Feller(费勒) 等在此领域做了非常重要的奠基性和拓展性工作. 直到 20 世纪 70 年代, 分数阶微积分才开始迎来了发展的春天. Oldham 和 Spanier 在 1974 年写了第一本关于分数阶微积分的专著, 此专著介绍了分数阶微积分的一些数学方法以及 (其) 在科学领域上的应用. 在近几十年来, 分数阶微积分在数学理论和数值计算上都得到了快速发展, 它被广泛应用于反常扩散、黏弹性本构建模、信号处理、控制、流体力学、图像处理、软物质研究等领域.

相比于整数阶微积分, 分数阶微积分更能刻画一些具有记忆、遗传和路径依赖性等"反常"性质的材料和过程, 正因如此, 出现了大量与之相关的分数阶微分方程. 尽管有些方程可以求出解析解, 但多数方程得不到解析解. 因此, 人们开始关注分数阶微分方程的数值计算方法. 由于分数阶微分算子是拟微分算子, 它的非局部性在对一些物理现象进行完美刻画的同时, 也给理论分析和数值计算带来了困难.

本章将介绍分数阶微积分的相关概念及算法.

5.1　分数阶微积分的定义和性质

5.1.1　Grünwald-Letnikov(G-L) 分数阶导数

Grünwald-Letnikov 分数阶导数是对经典的整数阶导数的推广. 经典的整数阶导数的极限定义为

$$\frac{\mathrm{d}f(t)}{\mathrm{d}t}=\lim_{h\to 0}\frac{1}{h}(f(t)-f(t-h)),$$

$$\frac{\mathrm{d}^2f(t)}{\mathrm{d}t^2}=\lim_{h\to 0}\frac{1}{h^2}(f(t)-2f(t-h)+f(t-2h)),$$

$$\begin{aligned}\frac{\mathrm{d}^n f(t)}{\mathrm{d}t^n} &= \lim_{h\to 0}\frac{1}{h^n}\sum_{k=0}^{n}(-1)^n\begin{pmatrix} n \\ k \end{pmatrix} f(t-kh) \\ &= \lim_{h\to 0}\frac{1}{h^n}\sum_{k=0}^{\infty}\frac{(-1)^k\Gamma(n+1)}{\Gamma(k+1)\Gamma(n-k+1)}f(t-kh), \quad n\in\mathbf{N},\end{aligned} \tag{5.1.1}$$

其中, 当 $k > n$ 时, $\begin{pmatrix} n \\ k \end{pmatrix} = 0$.

推广以上定义, 将 (5.1.1) 式中的 n 用任意实数 α 取代, 可得如下标准的左侧 Grünwald-Letnikov 分数阶导数的定义:

$${}^{GL}D^{\alpha} f(t) = \lim_{h\to 0}\frac{1}{h^{\alpha}}\sum_{k=0}^{\infty}\frac{(-1)^k\Gamma(\alpha+1)}{\Gamma(k+1)\Gamma(\alpha-k+1)}f(t-kh), \quad \alpha > 0. \tag{5.1.2}$$

定义 5.1.1　假设 $\alpha \geqslant 0$, 函数 $f(t)$ 定义在区间 $[a,b]$ 上, 且当 $t < a$ 时, $f(t) = 0$, 那么称

$${}_{a}^{GL}D_{t}^{\alpha} f(t) = \lim_{h\to 0}\frac{1}{h^{\alpha}}\sum_{k=0}^{[(t-a)/h]}\omega_k^{(\alpha)} f(t-kh), \quad \alpha > 0 \tag{5.1.3}$$

为左侧 α 阶 **Grünwald-Letnikov 分数阶导数**, 其中

$$\omega_k^{(\alpha)} = (-1)^k\begin{pmatrix} \alpha \\ k \end{pmatrix} = \frac{(-1)^k\Gamma(\alpha+1)}{\Gamma(k+1)\Gamma(\alpha-k+1)} \tag{5.1.4}$$

称为 **Grünwald-Letnikov** 系数.

类似地, 可以定义右侧 α 阶 **Grünwald-Letnikov 分数阶导数**为

$${}_{t}^{GL}D_{b}^{\alpha} f(t) = \lim_{h\to 0}\frac{1}{h^{\alpha}}\sum_{k=0}^{[(b-t)/h]}\omega_k^{(\alpha)} f(t+kh). \tag{5.1.5}$$

引进**移位的 Grünwald-Letnikov 分数阶导数算子**, 可得

$${}_{a}^{GL}D_{t,p}^{\alpha} f(t) = \lim_{h\to 0}\frac{1}{h^{\alpha}}\sum_{k=0}^{[(t-a)/h+p]}\omega_k^{(\alpha)} f(t-(k-p)h), \tag{5.1.6}$$

$${}_{t}^{GL}D_{b,q}^{\alpha} f(t) = \lim_{h\to 0}\frac{1}{h^{\alpha}}\sum_{k=0}^{[(b-t)/h+q]}\omega_k^{(\alpha)} f(t+(k-q)h), \tag{5.1.7}$$

其中系数 (5.1.4) 有如下递推公式

$$\omega_0^{(\alpha)}=1,\quad \omega_k^{(\alpha)}=\left(1-\frac{\alpha+1}{k}\right)\omega_{k-1}^{(\alpha)},\quad k=1,2,\cdots.$$

且当 $0<\alpha<1$ 时, 系数 (5.1.4) 具有如下性质:

(1) $\omega_1^{(\alpha)}=-\alpha, \omega_k^{(\alpha)}<0, k=2,3,\cdots$;

(2) $\sum\limits_{k=0}^{\infty}\omega_k^{(\alpha)}=0$;

(3) 对于任何正整数 N, 有 $\sum\limits_{k=0}^{N}\omega_k^{(\alpha)}>0$.

5.1.2 Riemann-Liouville(R-L) 分数阶积分和分数阶导数

n 阶积分 (n 为正整数, 即整数阶积分)

$$_0D_t^{-n}f(t)=\frac{1}{\Gamma(n)}\int_0^t(t-\tau)^{n-1}f(\tau)\mathrm{d}\tau, \tag{5.1.8}$$

将 (5.1.8) 式中的 n 用任意实数 α 取代, 可得分数阶 Riemann-Liouville 积分的定义.

定义 5.1.2 假设 $\alpha>0$, 函数 $f(t)$ 定义在区间 $[a,b]$ 上, 且 $f(t)\in L_1([a,b])$, 那么称

$$I_{a+}^{\alpha}f(t)=\frac{1}{\Gamma(\alpha)}\int_a^t(t-\tau)^{\alpha-1}f(\tau)\mathrm{d}\tau,\quad t\in[a,b] \tag{5.1.9}$$

为左侧 α 阶 **Riemann-Liouville 分数阶积分**.

类似地, 可以定义右侧 α 阶 **Riemann-Liouville 分数阶积分**为

$$I_{b-}^{\alpha}f(t)=\frac{1}{\Gamma(\alpha)}\int_t^b(\tau-t)^{\alpha-1}f(\tau)\mathrm{d}\tau,\quad t\in[a,b]. \tag{5.1.10}$$

有了 Riemann-Liouville 分数阶积分的定义, 下面我们给出 Riemann-Liouville 分数阶导数的定义.

定义 5.1.3 假设 $n-1\leqslant\alpha<n$, 函数 $f(t)$ 定义在区间 $[a,b]$ 上, 且 $f(t)\in AC^{n-1}([a,b])$, 那么称

$${}_a^{RL}D_t^{\alpha}f(t)=\frac{1}{\Gamma(n-\alpha)}\frac{\mathrm{d}^n}{\mathrm{d}t^n}\int_a^t(t-\tau)^{n-\alpha-1}f(\tau)\mathrm{d}\tau,\quad t\in[a,b] \tag{5.1.11}$$

为左侧 α 阶 **Riemann-Liouville 分数阶导数**.

类似地, 称

$$
{}_t^{RL}D_b^{\alpha}f(t)=\frac{(-1)^n}{\Gamma(n-\alpha)}\frac{\mathrm{d}^n}{\mathrm{d}t^n}\int_t^b(\tau-t)^{n-\alpha-1}f(\tau)\mathrm{d}\tau,\quad t\in[a,b] \tag{5.1.12}
$$

为右侧 α 阶 **Riemann-Liouville 分数阶导数**.

注 $AC^n([a,b])$ 表示一类函数空间, 这类函数 $f(t)$ 具有直到 $n-1$ 阶导数, 且 $f^{(n-1)}(t)\in AC([a,b])$.

下面我们利用定义, 给出幂函数的分数阶 Riemann-Liouville 积分和导数的结果, 这些结果非常重要.

(1) 幂函数 $u(t)=(t-a)^v$ 的分数阶积分和导数:

$$
I_{a+}^{\alpha}(t-a)^v=\frac{\Gamma(v+1)(t-a)^{v+\alpha}}{\Gamma(v+\alpha+1)},\quad 0\leqslant n-1\leqslant\alpha<n,\quad v>-1,
$$

$$
{}_a^{RL}D_t^{\alpha}(t-a)^v=\frac{\Gamma(v+1)(t-a)^{v-\alpha}}{\Gamma(v-\alpha+1)},\quad 0\leqslant n-1\leqslant\alpha<n,\quad v>n;
$$

(2) 幂函数 $u(t)=(b-t)^v$ 的分数阶积分和导数:

$$
I_{b-}^{\alpha}(b-t)^v=(-1)^n\frac{\Gamma(v+1)(b-t)^{v+\alpha}}{\Gamma(v+\alpha+1)},\quad 0\leqslant n-1\leqslant\alpha<n,\quad v>-1,
$$

$$
{}_t^{RL}D_b^{\alpha}(b-t)^v=(-1)^n\frac{\Gamma(v+1)(b-t)^{v-\alpha}}{\Gamma(v-\alpha+1)},\quad 0\leqslant n-1\leqslant\alpha<n,\quad v>n.
$$

由上面这些式子, 我们可以推得, 对于幂函数 $u(t)=(t-a)^v$ 或 $u(t)=(b-t)^v$, 分数阶积分和分数阶导数具有互逆的性质.

事实上, 我们还有更一般的结论.

定理 5.1.1 设 $\alpha>0, n-1\leqslant\alpha<n$, 函数 $f(t)$ 为定义在区间 $[a,b]$ 上的可积函数, 则

$$
{}_a^{RL}D_t^{\alpha}I_{a+}^{\alpha}f(t)=f(t),
$$

$$
{}_t^{RL}D_b^{\alpha}I_{b-}^{\alpha}f(t)=f(t).
$$

由上面这个定理, 可以将 Riemann-Liouville 导数理解为 Riemann-Liouville 积分的逆运算, 但反之不成立. 我们不加证明地给出如下结论.

定理 5.1.2 设 $\alpha>0, n-1\leqslant\alpha<n$, 函数 $f(t)$ 为定义在区间 $[a, b]$ 上的可积函数, 且有 $I_{a+}^{n-\alpha}f\in AC^n([a,b])$, 则

$$I_{a+a}^{\alpha}\,{}^{RL}D_t^{\alpha}f(t)=f(t)-\sum_{k=0}^{n-1}\frac{(t-a)^{\alpha-k-1}}{\Gamma(\alpha-k)}(D^{n-k-1})(I_{a+}^{n-\alpha}f)(a),$$

$$I_{b-t}^{\alpha}\,{}^{RL}D_b^{\alpha}f(t)=f(t)-\sum_{k=0}^{n-1}\frac{(b-t)^{\alpha-k-1}}{\Gamma(\alpha-k)}(D^{n-k-1})(I_{b-}^{n-\alpha}f)(b).$$

5.1.3 Caputo 分数阶导数

Caputo 分数阶导数和 Riemann-Liouville 分数阶导数用几乎同样的方式推广了经典导数, 只是它们的微分和积分的顺序不同.

定义 5.1.4 假设 $\alpha>0, n-1\leqslant\alpha<n, n$ 为正整数,

$$ {}_a^CD_t^{\alpha}f(t)=\begin{cases}\dfrac{1}{\Gamma(n-\alpha)}\displaystyle\int_a^t(t-\tau)^{n-\alpha-1}f^{(n)}(\tau)\mathrm{d}\tau, & n-1\leqslant\alpha<n,\\ f^{(n)}(t), & \alpha=n,\end{cases}\tag{5.1.13}$$

$$ {}_t^CD_b^{\alpha}f(t)=\begin{cases}\dfrac{(-1)^n}{\Gamma(n-\alpha)}\displaystyle\int_t^b(\tau-t)^{n-\alpha-1}f^{(n)}(\tau)\mathrm{d}\tau, & n-1\leqslant\alpha<n,\\ (-1)^nf^{(n)}(t), & \alpha=n\end{cases}\tag{5.1.14}$$

分别称为左侧和右侧 α 阶 **Caputo** (卡普托) **分数阶导数**.

根据 Caputo 分数阶导数的定义, 计算可得

$${}_a^CD_t^{\alpha}(t-a)^{v}=\frac{\Gamma(\nu+1)(t-a)^{\nu-\alpha}}{\Gamma(\nu-\alpha+1)},\quad 0\leqslant n-1\leqslant\alpha<n,\quad \nu>n.$$

同样根据定义, 容易得到如下结论.

定理 5.1.3 假设 $\alpha>0, n-1\leqslant\alpha<n, n$ 为正整数, 则

$${}_a^CD_t^{\alpha}f^{(n)}(t)={}_a^CD_t^{\alpha+n}f(t).\tag{5.1.15}$$

5.1.4 Riesz 分数阶导数

定义 5.1.5 假设 $\alpha>0, n-1\leqslant\alpha<n, n$ 为正整数, 且 $f(x)\in L_1([a,b])$, 则

$$\frac{\partial^{\alpha}}{\partial|x|^{\alpha}}f(t)=-\frac{1}{2\cos\left(\dfrac{\alpha\pi}{2}\right)}\{{}_a^{RL}D_x^{\alpha}f(t)+{}_x^{RL}D_b^{\alpha}f(t)\}\tag{5.1.16}$$

称为 α 阶 **Riesz 分数阶导数**.

由这个定义可知, Riesz 分数阶导数可以看成左侧 α 阶 Riemann-Liouville 分数阶导数和右侧 α 阶 Riemann-Liouville 分数阶导数的加权和.

5.1.5 几种分数阶导数的关系

首先, 我们介绍 Caputo 分数阶导数和 Riemann-Liouville 分数阶导数之间的关系, 在一定的条件下, 它们之间存在着一个等价关系.

命题 5.1.1 设 $\alpha > 0, n-1 \leqslant \alpha < n$, 如果定义在区间 $[a,\ b]$ 上的函数 $f(t)$ 有直到 $n-1$ 阶的连续导数, 且 $f^{(n)}(t) \in L_1([a,b])$, 则

$$
{}_{a}^{RL}D_t^{\alpha} f(t) = {}_{a}^{C}D_t^{\alpha} f(t) + \sum_{k=0}^{n-1} \frac{f^{(k)}(a)(t-a)^{k-\alpha}}{\Gamma(1+k-\alpha)}. \tag{5.1.17}
$$

特别地, 当 $0 < \alpha < 1$ 时,

$$
{}_{a}^{RL}D_t^{\alpha} f(t) = {}_{a}^{C}D_t^{\alpha} f(t) + \frac{f(a)(t-a)^{-\alpha}}{\Gamma(1-\alpha)}.
$$

由上面这个命题可以看出, 当函数 $f(t)$ 满足如下条件

$$
f^{(k)}(a) = 0, \quad k = 0, 1, 2, \cdots, n-1
$$

时, 左侧 α 阶 Caputo 分数阶导数和左侧 α 阶 Riemann-Liouville 分数阶导数是等价的.

类似地, 右侧 α 阶 Caputo 分数阶导数和右侧 α 阶 Riemann-Liouville 分数阶导数之间也存在着如下关系.

命题 5.1.2 设 $\alpha > 0, n-1 \leqslant \alpha < n$, 如果定义在区间 $[a,\ b]$ 上的函数 $f(t)$ 有直到 $n-1$ 阶的连续导数, 且 $f^{(n)}(t) \in L_1([a,b])$, 则

$$
{}_{t}^{RL}D_b^{\alpha} f(t) = {}_{t}^{C}D_b^{\alpha} f(t) + (-1)^n \sum_{k=0}^{n-1} \frac{f^{(k)}(b)(b-t)^{k-\alpha}}{\Gamma(1+k-\alpha)}. \tag{5.1.18}
$$

接下来, 我们介绍 Riemann-Liouville 分数阶导数和 Grünwald-Letnikov 分数阶导数之间存在的等价关系.

命题 5.1.3 对于 $\alpha > 0, n-1 \leqslant \alpha < n$, 如果定义在区间 $[a,\ b]$ 上的函数 $f(t)$ 有直到 $n-1$ 阶的连续导数, 且 $f^{(n)}(t)$ 在 $[a,\ b]$ 上可积, 那么这时 Riemann-Liouville 分数阶导数和 Grünwald-Letnikov 分数阶导数是等价的.

注 (1) Riemann-Liouville 分数阶导数和 Grünwald-Letnikov 分数阶导数是在一个相对较弱的条件下等价的, 对于物理、力学等领域中的应用问题, 该条件自然满足, 所以通常我们认为这两种分数阶导数等价.

(2) 两者的等价关系非常重要. 在应用问题中, 可以利用 Riemann-Liouville 分数阶导数来构造模型, 然后利用 Grünwald-Letnikov 分数阶导数进行数值离散.

5.1.6 分数阶导数的性质

命题 5.1.4 (半群性质) Riemann-Liouville 分数阶积分算子满足如下等式:

(1) $I_{a+}^{\alpha}I_{a+}^{\beta}f(t)=I_{a+}^{\beta}I_{a+}^{\alpha}f(t)=I_{a+}^{\alpha+\beta}f(t)$;

(2) $I_{b-}^{\alpha}I_{b-}^{\beta}f(t)=I_{b-}^{\beta}I_{b-}^{\alpha}f(t)=I_{b-}^{\alpha+\beta}f(t)$.

命题 5.1.5 (线性性质) 设函数 f 和 g 的分数阶导数 ${}_a^{RL}D_t^{\alpha}f, {}_a^{RL}D_t^{\alpha}g$ 均存在, 以及 a_1,a_2 为实数, 则

$$
{}_a^{RL}D_t^{\alpha}(a_1f+a_2g)=a_1{}_a^{RL}D_t^{\alpha}f+a_2{}_a^{RL}D_t^{\alpha}g.
$$

5.2 分数阶微积分的数值算法

5.2.1 Riemann-Liouville 分数阶导数的 G-L 逼近

由前面的命题, 可知 Riemann-Liouville 分数阶导数和 Grünwald-Letnikov 分数阶导数之间存在着等价关系. 由此, 我们可以用 Grünwald-Letnikov 逼近公式来逼近 Riemann-Liouville 分数阶导数, 这是一种非常简单有效的逼近公式.

首先给出 Riemann-Liouville 分数阶导数的一阶逼近公式.

定理 5.2.1 设 $\alpha\geqslant 0, f(t)\in C^{1+\alpha}([a,b]), f(a)=0$, 那么左侧 Riemann-Liouville 分数阶导数的一阶逼近公式为

$$
\frac{1}{h^{\alpha}}\sum_{k=0}^{[(t-a)/h]}\omega_k^{(\alpha)}f(t-kh)={}_a^{RL}D_t^{\alpha}f(t)+O(h), \tag{5.2.1}
$$

其中 $\omega_k^{(\alpha)}=(-1)^k\begin{pmatrix}\alpha\\ k\end{pmatrix}=\dfrac{(-1)^k\Gamma(\alpha+1)}{\Gamma(k+1)\Gamma(\alpha-k+1)}$.

事实上, 当引进移位的 Grünwald-Letnikov 分数阶导数后, 上述定理可以修改为如下形式.

引进记号, 定义

$$
A_{h,p}^{\alpha}f(t)=\frac{1}{h^{\alpha}}\sum_{k=0}^{[(t-a)/h]+p}\omega_k^{(\alpha)}f(t-(k-p)h).
$$

定理 5.2.2 设 $\alpha\geqslant 0, f(t)\in C^{1+\alpha}([a,b]), f(a)=0$, 那么左侧 Riemann-Liouville 分数阶导数的一阶逼近公式

$$
A_{h,p}^{\alpha}f(t)={}_a^{RL}D_t^{\alpha}f(t)+O(h). \tag{5.2.2}
$$

注 这里的 p 一般选取 $|p|\leqslant 1$.

为了导出高阶逼近公式, 许多学者利用不同形式的移位 Grünwald-Letnikov 逼近公式进行加权. 下面依次给出二阶和三阶逼近公式.

定理 5.2.3　设 $\alpha \geqslant 0, f(t) \in C^{1+\alpha}([a,b]), f(a)=0$, 那么左侧 Riemann-Liouville 分数阶导数的**二阶逼近公式**

$$\lambda_1 A_{h,p}^{\alpha} f(t) + \lambda_2 A_{h,q}^{\alpha} f(t) = {}_a^{RL}D_t^{\alpha} f(t) + O(h^2), \tag{5.2.3}$$

其中 $\lambda_1 = \dfrac{\alpha - 2q}{2(p-q)}, \lambda_2 = \dfrac{2p-\alpha}{2(p-q)}$.

推论 5.2.1　设 $0<\alpha<1$ 时, 取 $(p,q)=(0,-1)$, 则 $\lambda_1 = 1+\dfrac{\alpha}{2}, \lambda_2 = -\dfrac{\alpha}{2}$. 此时

$$\frac{1}{h^{\alpha}} \sum_{k=0}^{[(t-a)/h]+p} g_k^{(\alpha)} f(t-kh) = {}_a^{RL}D_t^{\alpha} f(t) + O(h^2), \tag{5.2.4}$$

其中

$$g_0^{(\alpha)} = 1 + \frac{\alpha}{2},$$

$$g_k^{(\alpha)} = \left(1+\frac{\alpha}{2}\right)\omega_k^{(\alpha)} - \frac{\alpha}{2}\omega_{k-1}^{(\alpha)} = \left[\left(1+\frac{\alpha}{2}\right)\left(1-\frac{\alpha+1}{k}\right) - \frac{\alpha}{2}\right]\omega_{k-1}^{(\alpha)}, k \geqslant 1.$$

推论 5.2.2　设 $1<\alpha<2$ 时, 取 $(p,q)=(1,0)$, 则 $\lambda_1 = \dfrac{\alpha}{2}, \lambda_2 = 1-\dfrac{\alpha}{2}$. 此时

$$\frac{1}{h^{\alpha}} \sum_{k=0}^{[(t-a)/h]+p} \tilde{g}_k^{(\alpha)} f(t-kh) = {}_a^{RL}D_t^{\alpha} f(t) + O(h^2), \tag{5.2.5}$$

其中 $\tilde{g}_0^{(\alpha)} = \dfrac{\alpha}{2}, \tilde{g}_k^{(\alpha)} = \dfrac{\alpha}{2}\omega_k^{(\alpha)} + \left(1-\dfrac{\alpha}{2}\right)\omega_{k-1}^{(\alpha)}, k \geqslant 1$.

定理 5.2.4　设 $\alpha \geqslant 0, f(t) \in C^{3+\alpha}([a,b]), f(a)=0$, 且 p, q 和 r 两两互不相同, 那么左侧 Riemann-Liouville 分数阶导数的**三阶逼近公式**

$$\lambda_1 A_{h,p}^{\alpha} f(t) + \lambda_2 A_{h,q}^{\alpha} f(t) + \lambda_3 A_{h,r}^{\alpha} f(t) = {}_a^{RL}D_t^{\alpha} f(t) + O(h^3), \tag{5.2.6}$$

其中

$$\lambda_1 = \frac{12qr - (6q+6r+1)\alpha + 3\alpha^2}{12(qr - pq - pr + p^2)},$$

$$\lambda_2 = \frac{12pr - (6p+6r+1)\alpha + 3\alpha^2}{12(pr - pq - qr + q^2)},$$

$$\lambda_3 = \frac{12pq - (6p+6q+1)\alpha + 3\alpha^2}{12(pq - pr - qr + r^2)}.$$

另外, Oldham 和 Spanier 于 1974 年发现了如下逼近格式:

$$
{}_{a}^{RL}D_t^{-1}f(t) = \lim_{h\to 0} h \sum_{j=0}^{[(t-a)/h-1/2]} f\left(t-\left(j+\frac{1}{2}\right)h\right), \tag{5.2.7}
$$

$$
{}_{a}^{RL}D_t^{1}f(t) = \lim_{h\to 0} h^{-1} \sum_{j=0}^{[(t-a)/h+1/2]} (-1)^j f\left(t-\left(j-\frac{1}{2}\right)h\right). \tag{5.2.8}
$$

该逼近格式具有快速收敛性质, 由此推广得到一种改进的 Grünwald-Letnikov 分数阶导数定义

$$
{}_{a}^{RL}D_t^{\alpha}f(t) = \lim_{h\to 0} \frac{h^{-\alpha}}{\Gamma(-\alpha)} \sum_{j=0}^{[(t-a)/h+\alpha/2]} \frac{\Gamma(j-\alpha)}{\Gamma(j+1)} f(t-(j-\alpha/2)h). \tag{5.2.9}
$$

该逼近公式用到了非网格点上的函数值, 所以需要插值计算这些函数值. 比如采用三个点的插值公式

$$
\begin{aligned}
f\left(t-\left(j-\frac{1}{2}\alpha\right)h\right) \approx & \left(\frac{\alpha}{4}+\frac{\alpha^2}{8}\right) f(t-(j-1)h) + \left(1-\frac{\alpha^2}{4}\right) f(t-jh) \\
& + \left(\frac{\alpha^2}{8}-\frac{\alpha}{4}\right) f(t-(j+1)h),
\end{aligned} \tag{5.2.10}
$$

则这种改进的算法 (G2 算法) 可表示为

$$
\begin{aligned}
({}_{a}^{RL}D_t^{\alpha}f(t_n))_{G2} = & h^{-\alpha} \sum_{j=0}^{n-1} \omega_j^{(\alpha)} \Big[f_{n-j} + \frac{\alpha}{4}(f_{n-j+1}-f_{n-j-1}) \\
& + \frac{\alpha^2}{8}(f_{n-j+1}-2f_{n-j}+f_{n-j-1}) \Big].
\end{aligned} \tag{5.2.11}
$$

5.2.2 Caputo 分数阶导数的 L-算法

当 $0<\alpha<1$ 时, 左侧 Caputo 分数阶导数为

$$
{}_{a}^{C}D_t^{\alpha}f(t) = \frac{1}{\Gamma(1-\alpha)} \int_a^t \frac{f'(\tau)}{(t-\tau)^{\alpha}} \mathrm{d}\tau,
$$

将被积函数中出现的导数直接用数值微分公式进行离散, 得到**左侧 Caputo 分数阶导数的 L-1 格式**为

$$
{}_{a}^{C}D_t^{\alpha}f(t)\Big|_{t=t_i} = \frac{1}{\Gamma(1-\alpha)} \sum_{j=0}^{i-1} \int_{j\tau}^{(j+1)\tau} \frac{f'(t_i-\tau)}{\tau^{\alpha}} \mathrm{d}\tau
$$

$$
\begin{aligned}
&\approx \frac{1}{\Gamma(1-\alpha)}\sum_{j=0}^{i-1}\frac{f(t_i-j\tau)-f(t_i-(j+1)\tau)}{\tau}\int_{j\tau}^{(j+1)\tau}\frac{1}{\tau^{\alpha}}\mathrm{d}\tau\\
&=\frac{\tau^{-\alpha}}{\Gamma(2-\alpha)}\sum_{j=0}^{i-1}(f_{i-j}-f_{i-j-1})[(j+1)^{1-\alpha}-j^{1-\alpha}]. \qquad (5.2.12)
\end{aligned}
$$

类似地, **右侧 Caputo 分数阶导数的 L-1 格式**为

$$
{}_t^C D_b^{\alpha} f(t)\big|_{t=t_i} \approx \frac{\tau^{-\alpha}}{\Gamma(2-\alpha)}\sum_{j=0}^{N-i-1}(f_{i+j}-f_{i+j+1})[(j+1)^{1-\alpha}-j^{1-\alpha}]. \qquad (5.2.13)
$$

当 $1<\alpha<2$ 时, **左侧 Caputo 分数阶导数的 L-2 格式**为

$$
\begin{aligned}
&{}_a^C D_t^{\alpha} f(t)\big|_{t=t_i}\\
&=\frac{1}{\Gamma(2-\alpha)}\int_a^t\frac{f^{(2)}(\tau)}{(t-\tau)^{\alpha-1}}\mathrm{d}\tau=\frac{1}{\Gamma(2-\alpha)}\sum_{j=0}^{i-1}\int_{j\tau}^{(j+1)\tau}\frac{f^{(2)}(t_i-\tau)}{\tau^{\alpha}}\mathrm{d}\tau\\
&\approx\frac{1}{\Gamma(2-\alpha)}\sum_{j=0}^{i-1}\frac{f(t_i-(j+1)\tau)-2f(t_i-j\tau)+f(t_i-(j-1)\tau)}{\tau^2}\int_{j\tau}^{(j+1)\tau}\frac{1}{\tau^{\alpha-1}}\mathrm{d}\tau\\
&=\frac{\tau^{-\alpha}}{\Gamma(3-\alpha)}\sum_{j=0}^{i-1}(f_{i-j+1}-2f_{i-j}+f_{i-j-1})[(j+1)^{2-\alpha}-j^{2-\alpha}]. \qquad (5.2.14)
\end{aligned}
$$

类似地, **右侧 Caputo 分数阶导数的 L-2 格式**为

$$
{}_t^C D_b^{\alpha} f(t)\big|_{t=t_i} \approx \frac{\tau^{-\alpha}}{\Gamma(3-\alpha)}\sum_{j=0}^{N-i-1}(f_{i+j+1}-2f_{i+j}+f_{i+j-1})[(j+1)^{2-\alpha}-j^{2-\alpha}]. \qquad (5.2.15)
$$

注　(1) 当 $0<\alpha<1$ 时, 由 Riemann-Liouville 分数阶导数和 Caputo 分数阶导数的关系, 有

$$
{}_a^{RL} D_t^{\alpha} f(t)=\frac{f(a)(t-a)^{-\alpha}}{\Gamma(1-\alpha)}+{}_a^C D_t^{\alpha} f(t),
$$

$$
{}_t^{RL} D_b^{\alpha} f(t)=\frac{f(b)(b-t)^{-\alpha}}{\Gamma(1-\alpha)}+{}_t^C D_b^{\alpha} f(t).
$$

因此, 当 $0<\alpha<1$ 时, **Riemann-Liouville 分数阶导数的 L-1 格式为**

$$
{}_{a}^{RL}D_{t}^{\alpha}f(t_i)\approx\frac{\tau^{-\alpha}}{\Gamma(2-\alpha)}\left\{\frac{(1-\alpha)f_0}{i^{\alpha}}+\sum_{j=0}^{i-1}(f_{i-j}-f_{i-j-1})[(j+1)^{1-\alpha}-j^{1-\alpha}]\right\},\tag{5.2.16}
$$

$$
{}_{t}^{RL}D_{b}^{\alpha}f(t)\big|_{t=t_i}\approx\frac{\tau^{-\alpha}}{\Gamma(2-\alpha)}\left\{\frac{(1-\alpha)f_N}{(N-i)^{\alpha}}+\sum_{j=0}^{N-i-1}(f_{i+j}-f_{i+j+1})[(j+1)^{1-\alpha}-j^{1-\alpha}]\right\}.\tag{5.2.17}
$$

(2) 当 $1<\alpha<2$ 时, 由 Riemann-Liouville 分数阶导数和 Caputo 分数阶导数的关系, 有

$$
{}_{a}^{RL}D_{t}^{\alpha}f(t)=\frac{f(a)(t-a)^{-\alpha}}{\Gamma(1-\alpha)}+\frac{f'(a)(t-a)^{1-\alpha}}{\Gamma(2-\alpha)}+{}_{a}^{C}D_{t}^{\alpha}f(t),
$$

$$
{}_{t}^{RL}D_{b}^{\alpha}f(t)=\frac{f(b)(b-t)^{-\alpha}}{\Gamma(1-\alpha)}+\frac{f'(b)(b-t)^{1-\alpha}}{\Gamma(2-\alpha)}+{}_{t}^{C}D_{b}^{\alpha}f(t).
$$

因此, 当 $1<\alpha<2$ 时, **Riemann-Liouville 分数阶导数的 L-2 格式为**

$$
\begin{aligned}
{}_{a}^{RL}D_{t}^{\alpha}f(t_i)\approx\frac{\tau^{-\alpha}}{\Gamma(3-\alpha)}\bigg\{&\frac{(1-\alpha)(2-\alpha)f_0}{i^{\alpha}}+\frac{(2-\alpha)(f_1-f_0)}{i^{\alpha-1}}\\
&+\sum_{j=0}^{i-1}(f_{i-j+1}-2f_{i-j}+f_{i-j-1})[(j+1)^{2-\alpha}-j^{2-\alpha}]\bigg\},
\end{aligned}\tag{5.2.18}
$$

$$
\begin{aligned}
{}_{t}^{RL}D_{b}^{\alpha}f(t)\big|_{t=t_i}\approx\frac{\tau^{-\alpha}}{\Gamma(3-\alpha)}\bigg\{&\frac{(1-\alpha)(2-\alpha)f_N}{(N-i)^{\alpha}}+\frac{(2-\alpha)(f_N-f_{N-1})}{(N-i)^{\alpha-1}}\\
&+\sum_{j=0}^{N-i-1}(f_{i+j+1}-2f_{i+j}+f_{i+j-1})[(j+1)^{2-\alpha}-j^{2-\alpha}]\bigg\}.
\end{aligned}\tag{5.2.19}
$$

引入记号

$$
b_j^{(\alpha)}=(j+1)^{\alpha}-j^{\alpha},\quad j=0,1,\cdots,N,
$$

则当 $0<\alpha<1$ 时, 左侧 Caputo 分数阶导数可以表示为

$$
{}_{a}^{C}D_{t}^{\alpha}f(t_i)=\frac{\tau^{-\alpha}}{\Gamma(2-\alpha)}\sum_{j=0}^{i-1}b_j^{(1-\alpha)}(f_{i-j}-f_{i-j-1})+R(f(t_i)),
$$

其中 $R(f(t_i))$ 是误差项. 下面给出误差估计.

定理 5.2.5 设 $0<\alpha<1$, 函数 $f(t)\in C^2([a,b])$, 那么

$$|R(f(t_i))|\leqslant C\tau^{2-\alpha}.$$

证明 由定义, 容易得到

$$R(f(t_i))=\frac{1}{\Gamma(1-\alpha)}\sum_{j=0}^{i-1}\int_{t_j}^{t_{j+1}}\frac{1}{(t_i-\eta)^\alpha}\left[f'(\eta)-\frac{f(t_{j+1})-f(t_j)}{\tau}\right]\mathrm{d}\eta.$$

由带有积分余项的 Taylor 公式可得

$$f'(\eta)-\frac{f(t_{j+1})-f(t_j)}{\tau}=\frac{1}{\tau}\left[\int_{t_j}^{\eta}f''(\xi)(\xi-t_j)\mathrm{d}\xi-\int_{\eta}^{t_{j+1}}f''(\xi)(t_{j+1}-\xi)\mathrm{d}\xi\right],$$

将其代入上式, 可得

$$\begin{aligned}&R(f(t_i))\\&=\frac{1}{\alpha\Gamma(1-\alpha)}\sum_{j=0}^{i-1}\int_{t_j}^{t_{j+1}}\frac{1}{(t_i-\eta)^\alpha}\left[\int_{t_j}^{\eta}f''(\xi)(\xi-t_j)\mathrm{d}\xi-\int_{\eta}^{t_{j+1}}f''(\xi)(t_{j+1}-\xi)\mathrm{d}\xi\right]\mathrm{d}\eta.\end{aligned}$$

交换积分次序, 可得

$$R(f(t_i))=\frac{\tau}{\Gamma(2-\alpha)}\sum_{j=0}^{i-1}\int_{t_j}^{t_{j+1}}f''(\xi)z_{i,j}(\xi)\mathrm{d}\xi,$$

其中

$$z_{i,j}(\xi)=(t_i-\xi)^{1-\alpha}-\left[\frac{\xi-t_j}{\tau}(t_i-t_{j+1})^{1-\alpha}+\frac{t_{j+1}-\xi}{\tau}(t_i-t_j)^{1-\alpha}\right].$$

由于 $0<\alpha<1$, 则函数 $z_{i,j}(\xi)$ 的二阶导数小于零, 且 $z_{i,j}(t_j)=z_{i,j}(t_{j+1})=0$, 故在区间 $[t_j,t_{j+1}]$ 上, $z_{i,j}(\xi)\geqslant 0$. 于是

$$|R(f(t_i))|=\frac{\tau}{\Gamma(2-\alpha)}\max_{a\leqslant t\leqslant b}|f''(t)|\sum_{j=0}^{i-1}\int_{t_j}^{t_{j+1}}z_{i,j}(\xi)\mathrm{d}\xi.$$

注意到

$$\begin{aligned}
&\sum_{j=0}^{i-1}\int_{t_j}^{t_{j+1}} z_{i,j}(\xi)\mathrm{d}\xi \\
=&\sum_{j=0}^{i-1}\left[\frac{(i-j)^{2-\alpha}-(i-j-1)^{2-\alpha}}{2-\alpha}-\frac{(i-j-1)^{1-\alpha}+(i-j)^{1-\alpha}}{2}\right]\tau^{1-\alpha} \\
=&\sum_{j=0}^{i-1}\left[\frac{(j+1)^{2-\alpha}-j^{2-\alpha}}{2-\alpha}-\frac{j^{1-\alpha}+(j+1)^{1-\alpha}}{2}\right]\tau^{1-\alpha}.
\end{aligned}$$

利用 Taylor 公式可得

$$\begin{aligned}
&\lim_{n\to\infty} n^{1+\alpha}\left[\frac{(n+1)^{2-\alpha}-n^{2-\alpha}}{2-\alpha}-\frac{n^{1-\alpha}+(n+1)^{1-\alpha}}{2}\right] \\
=&\lim_{n\to\infty} n^{3}\left[\frac{\left(1+\frac{1}{n}\right)^{2-\alpha}-1}{2-\alpha}-\frac{1+\left(1+\frac{1}{n}\right)^{1-\alpha}}{2n}\right] \\
=&\lim_{n\to\infty} n^{3}\left[\frac{\alpha(1-\alpha)}{12n^3}+o\left(\frac{1}{n^3}\right)\right] \\
=&\frac{\alpha(1-\alpha)}{12}.
\end{aligned}$$

故存在常数 C, 使得

$$n^{1+\alpha}\left[\frac{(n+1)^{2-\alpha}-n^{2-\alpha}}{2-\alpha}-\frac{n^{1-\alpha}+(n+1)^{1-\alpha}}{2}\right]\leqslant C,\quad n=1,2,\cdots,$$

即

$$\frac{(n+1)^{2-\alpha}-n^{2-\alpha}}{2-\alpha}-\frac{n^{1-\alpha}+(n+1)^{1-\alpha}}{2}\leqslant C/n^{1+\alpha}.$$

因此

$$|R(f(t_i))|=\frac{\tau^{2-\alpha}}{\Gamma(2-\alpha)}\max_{a\leqslant t\leqslant b}|f''(t)|\left(\frac{1}{2-\alpha}-\frac{1}{2}+\sum_{j=1}^{\infty}\frac{C}{j^{1+\alpha}}\right).$$

因为级数 $\sum_{n=1}^{\infty}\frac{1}{n^{1+\alpha}}$ 收敛, 所以当 $f(t)\in C^2([a,b])$ 时, 此定理成立. □.

注 在实际计算过程中, 经常将 L-1 格式改写成如下形式:

$$\begin{aligned}
{}_a^C D_t^{\alpha} f(t_i)=&\frac{\tau^{-\alpha}}{\Gamma(2-\alpha)}\left[b_0^{(1-\alpha)}f(t_i)-b_{i-1}^{(1-\alpha)}f(a)-\sum_{j=0}^{i-1}(b_j^{(1-\alpha)}-b_{j-1}^{(1-\alpha)})f_{i-j}\right] \\
&+R(f(t_i)).
\end{aligned}$$

下面介绍 $1<\alpha<2$ 时的误差估计.

定理 5.2.6　设 $1<\alpha<2$, 函数 $f(t)\in C^3([0,T])$, 那么

$$
\begin{aligned}
&\frac{1}{2}[{}_0^C D_t^\alpha f(t_k)+{}_0^C D_t^\alpha f(t_{k-1})]\\
&=\frac{\tau^{1-\alpha}}{\Gamma(3-\alpha)}\left[b_0^{(2-\alpha)}\delta_t f(t_{k-1/2})-\sum_{j=1}^{k-1}(b_{j-1}^{(2-\alpha)}-b_j^{(2-\alpha)})\delta_t f(t_{k-j-1/2})\right.\\
&\left.-b_{k-1}^{(2-\gamma)}f'(0)\right]+R_k,
\end{aligned}
$$

其中 $\delta_t f(t_{k-1/2})=\dfrac{f(t_k)-f(t_{k-1})}{2},k=1,2,\cdots,\ |R_k|\leqslant C\tau^{3-\alpha}$.

证明　由于 ${}_0^C D_t^\alpha f(t)={}_0^C D_t^{\alpha-1}f'(t)$, 于是

$$
\begin{aligned}
&\frac{1}{2}[{}_0^C D_t^\alpha f(t_k)+{}_0^C D_t^\alpha f(t_{k-1})]\\
&=\frac{\tau^{1-\alpha}}{2\Gamma(3-\alpha)}\left[b_0^{(2-\alpha)}f'(t_k)-b_k^{(2-\alpha)}f'(0)-\sum_{j=1}^{k-1}(b_{j-1}^{(2-\alpha)}-b_j^{(2-\alpha)})f'(t_{k-j})\right]\\
&+\frac{\tau^{1-\alpha}}{2\Gamma(3-\alpha)}\left[b_0^{(2-\alpha)}f'(t_{k-1})-b_k^{(2-\alpha)}f'(0)\right.\\
&\left.-\sum_{j=1}^{k-2}(b_{j-1}^{(2-\alpha)}-b_j^{(2-\alpha)})f'(t_{k-1-j})\right]+R_{k,1}\\
&=\frac{\tau^{1-\alpha}}{\Gamma(3-\alpha)}\left[b_0^{(2-\alpha)}\frac{f'(t_k)+f'(t_{k-1})}{2}-b_{k-1}^{(2-\alpha)}f'(0)\right.\\
&\left.-\sum_{j=1}^{k-1}(b_{j-1}^{(2-\alpha)}-b_j^{(2-\alpha)})\frac{f'(t_{k-j})+f'(t_{k-j-1})}{2}\right]+R_{k,1},
\end{aligned}
$$

其中 $|R_{k,1}|\leqslant C\tau^{2-(\alpha-1)}\leqslant C\tau^{3-\alpha}$.

容易得到

$$
\begin{aligned}
\frac{f'(t_j)+f'(t_{j-1})}{2}&=f'(t_{j-1/2})+\frac{\tau^2}{8}f'''(\zeta_j^{(1)})\\
&=\delta_t f(t_{j-1/2})-\frac{\tau^2}{24}f'''(\zeta_j^{(2)})+\frac{\tau^2}{8}f'''(\zeta_j^{(1)})\\
&=\delta_t f(t_{j-1/2})+R_{f,j},
\end{aligned}
$$

其中 $t_{j-1} < \zeta_j^{(1)}, \zeta_j^{(2)} < t_j$ 和 $R_{f,j} = -\frac{\tau^2}{24} f'''(\zeta_j^{(2)}) + \frac{\tau^2}{8} f'''(\zeta_j^{(1)})$.

如果 $f(t) \in C^3([0,T])$, 则 $|R_{f,j}| \leqslant \frac{\tau^2}{6} \max\limits_{0 \leqslant t \leqslant T} |f'''(t)|$. 于是

$$
\begin{aligned}
&\frac{1}{2}[{}_0^C D_t^\alpha f(t_k) + {}_0^C D_t^\alpha f(t_{k-1})] \\
&= \frac{\tau^{1-\alpha}}{\Gamma(3-\alpha)} \left[b_0^{(2-\alpha)} \delta_t f(t_{k-1/2}) - b_{k-1}^{(2-\alpha)} f'(0) - \sum_{j=1}^{k-1} (b_{j-1}^{(2-\alpha)} - b_j^{(2-\alpha)}) \delta_t f(t_{k-j-1/2}) \right] \\
&\quad + R_{k,2} + R_{k,1},
\end{aligned}
$$

其中

$$
\begin{aligned}
|R_{k,2}| &\leqslant \frac{\tau^{1-\alpha}}{\Gamma(3-\alpha)} \frac{\tau^2}{6} \max_{0 \leqslant t \leqslant T} |f'''(t)| \left[b_0^{(2-\alpha)} + \sum_{j=1}^{k-1} (b_{j-1}^{(2-\alpha)} - b_j^{(2-\alpha)}) \right] \\
&\leqslant \frac{\tau^{3-\alpha}}{3\Gamma(3-\alpha)} \max_{0 \leqslant t \leqslant T} |f'''(t)|.
\end{aligned}
$$

于是 $|R_k| \leqslant |R_{k,1}| + |R_{k,2}| \leqslant C\tau^{3-\alpha}$. □

5.2.3 Riemann-Liouville 分数阶积分的数值逼近

Riemann-Liouville 分数阶积分的定义 (设 $q < 0$):

$$
{}_0^{RL} J_t^{-q} f(t) = {}_0^{RL} D_t^q f(t) = \frac{1}{\Gamma(-q)} \int_0^t \frac{f(\xi)}{(t-\xi)^{q+1}} \mathrm{d}\xi = \frac{1}{\Gamma(-q)} \int_0^t \frac{f(t-\xi)}{\xi^{q+1}} \mathrm{d}\xi. \tag{5.2.20}
$$

应用各种不同的数值积分公式, 可以得到不同的数值求解 Riemann-Liouville 分数阶积分的方法, 比如将 (5.2.20) 式写成

$$
{}_0^{RL} J_t^{-q} f(t) = {}_0^{RL} D_t^q f(t) = \frac{1}{\Gamma(-q)} \sum_{j=0}^{[t/\tau]} \int_{t_j}^{t_{j+1}} \frac{f(t-\xi)}{\xi^{q+1}} \mathrm{d}\xi. \tag{5.2.21}
$$

数值求解 Riemann-Liouville 分数阶积分的关键就转化为如何数值逼近 (5.2.21) 式的各项积分, 我们把这一类方法称为 R 算法.

若采用矩形积分公式进行积分的数值计算, 则有

$$
{}_0^{RL} J_t^{-q} f(t_n) = {}_0^{RL} D_t^q f(t_n) = \frac{1}{\Gamma(-q)} \sum_{j=0}^{n-1} \int_{t_j}^{t_{j+1}} \frac{f(t_n-\xi)}{\xi^{q+1}} \mathrm{d}\xi
$$

$$\approx \frac{1}{\Gamma(-q)}\sum_{j=0}^{n-1} f(t_n-t_{j+1})\int_{t_j}^{t_{j+1}}\frac{1}{\xi^{q+1}}\mathrm{d}\xi$$

$$=\frac{\tau^{-q}}{\Gamma(-q)}\sum_{j=0}^{n-1}[(j+1)^{-q}-j^{-q}]f(t_{n-j-1}), \tag{5.2.22}$$

即

$${}_0^{RL}J_t^{-q}f(t_n)={}_0^{RL}D_t^{q}f(t_n):=\frac{\tau^{-q}}{\Gamma(-q)}\sum_{j=0}^{n-1}b_j^{(-q)}f_{n-j-1}. \tag{5.2.23}$$

若利用梯形数值积分公式, 可得

$$\int_{t_j}^{t_{j+1}}\frac{f(t_n-\xi)}{\xi^{q+1}}\mathrm{d}\xi \approx \frac{f(t_n-t_j)+f(t_n-t_{j+1})}{2}\int_{t_j}^{t_{j+1}}\frac{\mathrm{d}\xi}{\xi^{q+1}}$$

$$=\frac{f(t_n-t_j)+f(t_n-t_{j+1})}{-2q}(t_{j+1}^{-q}-t_j^{-q}), \tag{5.2.24}$$

于是得到如下分数阶积分近似法

$${}_0^{RL}J_t^{-q}f(t_n)={}_0^{RL}D_t^{q}f(t_n)=\frac{\tau^{-q}}{2\Gamma(1-q)}\sum_{j=0}^{n-1}b_j^{(-q)}(f_{n-j}+f_{n-j-1}). \tag{5.2.25}$$

以上给出的是两种分数阶积分的一阶近似公式. 如果对被积函数进行线性插值, 则可以得到分数阶积分的二阶近似公式.

对于任意的 η, 利用线性插值的误差估计, 存在 $\xi_j\in(t_j,t_{j+1})$, 使得

$$f(\xi)=\frac{t_{j+1}-\xi}{\tau}f(t_j)+\frac{\xi-t_j}{\tau}f(t_{j+1})+R_f, \tag{5.2.26}$$

其中 $R_f=\dfrac{f''(\xi_j)}{2}(\xi-t_j)(\xi-t_{j+1}), t_j<\xi_j<t_{j+1}$. 容易证得 $|R_f|\leqslant\dfrac{1}{8}\tau^2\max\limits_{0\leqslant t\leqslant T}|f''(t)|$.

将 (5.2.26) 代入 (5.2.20), 可以得到

$${}_0^{RL}J_t^{-q}f(t_n)=\frac{1}{\tau\Gamma(-q)}\sum_{j=0}^{n-1}\int_{t_j}^{t_{j+1}}\frac{(t_{j+1}-\xi)f(t_j)+(\xi-t_j)f(t_{j+1})}{(t_n-\xi)^{q+1}}\mathrm{d}\xi+R_n,$$

其中

$$|R_n|\leqslant\frac{1}{8}\tau^2\max_{0\leqslant t\leqslant T}|f''(t)|\frac{1}{\Gamma(-q)}\sum_{j=0}^{n-1}\int_{t_j}^{t_{j+1}}\frac{1}{(t_n-\xi)^{q+1}}\mathrm{d}\xi$$

$$
\begin{aligned}
&= \frac{1}{8}\tau^2 \max_{0\leqslant t\leqslant T}|f''(t)|\frac{1}{\Gamma(-q)}\int_0^{t_n}\frac{1}{(t_n-\xi)^{q+1}}\mathrm{d}\xi \\
&\leqslant C\tau^2.
\end{aligned}
$$

由

$$
\begin{aligned}
&\int_{t_j}^{t_{j+1}}\frac{t_{j+1}-\xi}{(t_n-\xi)^{q+1}}\mathrm{d}\xi \\
&= \int_{t_j}^{t_{j+1}}(t_n-\xi)^{-q}\mathrm{d}\xi + (t_{j+1}-t_n)\int_{t_j}^{t_{j+1}}(t_n-\xi)^{-q-1}\mathrm{d}\xi \\
&= \frac{\tau^{-q+1}}{-q+1}[(n-j)^{-q+1}-(n-j-1)^{-q+1}] \\
&\quad + (j+1-n)\frac{\tau^{-q+1}}{-q}[(n-j)^{-q}-(n-j-1)^{-q}] \\
&= \frac{\tau^{-q+1}}{-q}(n-j)^{-q} - \frac{\tau^{-q+1}}{-q(-q+1)}[(n-j)^{-q+1}-(n-j-1)^{-q+1}]
\end{aligned}
$$

和

$$
\begin{aligned}
&\int_{t_j}^{t_{j+1}}\frac{\xi-t_j}{(t_n-\xi)^{q+1}}\mathrm{d}\xi \\
&= \int_{t_j}^{t_{j+1}}(t_n-\xi)^{-q}\mathrm{d}\xi + (t_n-t_j)\int_{t_j}^{t_{j+1}}(t_n-\xi)^{-q-1}\mathrm{d}\xi \\
&= \frac{\tau^{-q+1}}{-q+1}[(n-j-1)^{-q+1}-(n-j)^{-q+1}] \\
&\quad + (n-j)\frac{\tau^{-q+1}}{-q}[(n-j)^{-q}-(n-j-1)^{-q}] \\
&= -\frac{\tau^{-q+1}}{-q}(n-j-1)^{-q} + \frac{\tau^{-q+1}}{-q(-q+1)}[(n-j)^{-q+1}-(n-j-1)^{-q+1}],
\end{aligned}
$$

可以得到如下二阶近似公式

$$
{}_0^{RL}J_t^{-q}f(t_n) = \frac{\tau^{-q}}{\Gamma(-q+1)}\sum_{j=0}^{n-1}[c_{1,j}^{(-q)}f(t_{n-j-1})+c_{2,j}^{(-q)}f(t_{n-j})] + R_n,
$$

其中

$$
c_{1,j}^{(-q)} = (j+1)^{-q} - \frac{1}{-q+1}[(j+1)^{-q+1}-j^{-q+1}],
$$

$$c_{2,j}^{(-q)} = \frac{1}{-q+1}[(j+1)^{-q+1} - j^{-q+1}] - j^{-q}$$

和 $|R_n| \leqslant C\tau^2, C$ 为任意常数.

5.3　经典整数阶数值微分、积分公式的推广

5.3.1　经典向后差商及中心差商格式的推广

对整数阶导数的经典差商格式 (向后差分和中心差分) 进行推广, 得到对应的分数阶导数的差分格式.

首先介绍转移算子 E^h 和差分算子 (向后差分、向前差分、中心差分)∇_h, Δ_h, δ_h, 其中 $h \in \mathbf{R}$, 它们作用到函数 $u(t), t \in \mathbf{R}$ 的形式如下:

$$\begin{cases} E^h u(t) = u(t+h), \\ \nabla_h u(t) = u(t) - u(t-h), \\ \nabla_h u(t) = u(t+h) - u(t), \\ \delta_h u(t) = u(t+h/2) - u(t-h/2). \end{cases} \tag{5.3.1}$$

显然, 转移算子 E^h 具有如下性质:

$$E^{\sigma+\tau} = E^{\sigma} E^{\tau}, \tag{5.3.2}$$

且有如下关系式:

$$\nabla_h = I - E^{-h}, \quad \Delta_h = E^h - I, \quad \delta_h = E^{h/2} - E^{-h/2}. \tag{5.3.3}$$

由上面记号, 一阶导数的经典向后差商和中心差商逼近就可以表示为

$$u'(t) = D^1 u(t) = \frac{u(t) - u(t-h)}{h} + O(h) = \frac{[\nabla_h u(t)]}{h} + O(h),$$

$$u'(t) = D^1 u(t) = \frac{u(t+h/2) - u(t-h/2)}{h} + O(h^2) = \frac{[\delta_h u(t)]}{h} + O(h^2).$$

事实上, 如果函数 $u(t)$ 充分光滑, 那么这种逼近及其表示形式可以推广到高阶导数 $u^{(n)}(t) = D^{(n)} u(t), n \in \mathbf{N}$:

$$D^{(n)} u(t) = \frac{[\nabla_h^n u(t)]}{h} + O(h) = h^{-n}(I - E^h)^n u(t) + O(h),$$

$$D^{(n)} u(t) = \frac{[\delta_h^n u(t)]}{h} + O(h^2) = h^{-n}(E^{h/2} - E^{-h/2})^n u(t) + O(h^2),$$

其中差分的幂 ∇_h^n, δ_h^n 可以由二项式展开为

$$\nabla_h^n = \sum_{j=0}^{n} (-1)^j \begin{pmatrix} n \\ j \end{pmatrix} E^{-jh},$$

$$\delta_h^n = \sum_{j=0}^{n} (-1)^j \begin{pmatrix} n \\ j \end{pmatrix} E^{(n-j)h/2} E^{-jh/2} = \sum_{j=0}^{n} (-1)^j \begin{pmatrix} n \\ j \end{pmatrix} E^{(n/2-j)h}.$$

于是得到如下公式:

$$h^{-n} \sum_{j=0}^{n} (-1)^j \begin{pmatrix} n \\ j \end{pmatrix} u(t-jh) = D^{(n)}u(t) + O(h), \tag{5.3.4}$$

$$h^{-n} \sum_{j=0}^{n} (-1)^j \begin{pmatrix} n \\ j \end{pmatrix} u(t+(n/2-j)h) = D^{(n)}u(t) + O(h^2). \tag{5.3.5}$$

将这些公式推广到非整数阶导数的情形:

$$\nabla_h^\alpha = \sum_{j=0}^{\infty} (-1)^j \begin{pmatrix} \alpha \\ j \end{pmatrix} E^{-jh},$$

$$\delta_h^\alpha = \sum_{j=0}^{\infty} (-1)^j \begin{pmatrix} \alpha \\ j \end{pmatrix} E^{(\alpha/2-j)h}.$$

上面的公式类似于如下展开式 (用变量 z 替代 E^{-h}, 且当 $|z| < 1$ 时收敛):

$$(1-z)^\alpha = \sum_{j=0}^{\infty} (-1)^j \begin{pmatrix} \alpha \\ j \end{pmatrix} z^j = \sum_{j=0}^{\infty} (-1)^j \omega_j^{(\alpha)} z^j,$$

于是得到 Grünwald-Letnikov 逼近:

$$h^{-\alpha} \nabla_h^\alpha u(t) = h^{-\alpha} \sum_{j=0}^{\infty} \omega_j^{(\alpha)} u(t-jh) = {}^{GL}D^\alpha u(t) + O(h),$$

以及分数阶中心差分逼近:

$$h^{-\alpha} \delta_h^\alpha u(t) = h^{-\alpha} \sum_{j=0}^{\infty} \omega_j^{(\alpha)} u(t-(j-\alpha/2)h) = {}_0^{GL}D^\alpha u(t) + O(h^2).$$

若 $t \leqslant 0$ 时, $u(t)=0$, 则有

$$h^{-\alpha}\nabla_h^\alpha u(t)=h^{-\alpha}\sum_{j=0}^{[t/h]}\omega_j^{(\alpha)}u(t-jh)={}_0^{GL}D^\alpha u(t)+O(h),$$

$$h^{-\alpha}\delta_h^\alpha u(t)=h^{-\alpha}\sum_{j=0}^{[t/h+\alpha/2]}\omega_j^{(\alpha)}u(t-(j-\alpha/2)h)={}_0^{GL}D^\alpha u(t)+O(h^2).$$

注　(1) 对应向前差分格式逼近公式

$$h^{-n}\Delta^n u(t)=D^n u(t)+O(h),$$

不适合推广到分数阶导数上, 这里不讨论.

(2) 要求 $u(t)=0,\forall t\leqslant 0$. 当 $u(t)$ 在 $t=0$ 处不能光滑延伸到负半轴上时, 这种逼近会出现问题.

5.3.2　插值型数值积分公式的推广

对于整数阶积分公式来说, 用插值多项式近似被积函数, 所得求积公式称为插值型求积公式. 这一思想可推广应用到分数阶数值积分公式的构造上. 现以 Riemann-Liouville 分数阶积分为例, 介绍该思想.

令 $t_j=a+jh, f(t)=f_j(j=0,1,\cdots), h$ 为步长. 先将 $f(t)$ 的 Riemann-Liouville 分数阶积分表示为

$$\begin{aligned}({}_0^{RL}J_t^\alpha f(t))(t_n)&=\frac{1}{\Gamma(\alpha)}\int_0^{t_n}(t-\tau)^{\alpha-1}f(\tau)\mathrm{d}\tau\\&=\frac{1}{\Gamma(\alpha)}\sum_{j=0}^{n-1}\int_{t_j}^{t_{j+1}}(t-\tau)^{\alpha-1}f(\tau)\mathrm{d}\tau,\end{aligned}\tag{5.3.6}$$

然后被积函数可采用各阶插值多项式近似, 如用一阶线性 Newton 插值得

$$\begin{aligned}({}_aJ_t^\alpha f(t))(t_n)=&\frac{1}{\Gamma(\alpha)}\sum_{j=0}^{n-1}\int_{t_j}^{t_{j+1}}(t_n-\tau)^{\alpha-1}\left[f(t_j)+\frac{f(t_{j+1})-f(t_j)}{h}(\tau-t_j)\right]\mathrm{d}\tau\\=&\frac{h^\alpha}{\Gamma(1+\alpha)}\sum_{j=0}^{n-1}b_{n-j-1}^{(\alpha)}f_j\\&+\frac{h^\alpha}{\Gamma(1+\alpha)}\sum_{j=0}^{n-1}(f_{j+1}-f_j)\left[\frac{b_{n-j-1}^{(\alpha+1)}}{1+\alpha}-(n-j-1)^\alpha\right]\end{aligned}$$

$$= h^{\alpha} \sum_{j=0}^{n} \bar{c}_{j,n} f_j. \tag{5.3.7}$$

同样地, 若被积函数采用更高阶的插值多项式近似, 即可得到更高阶的数值积分公式, 如被积函数用二阶 Newton 插值近似, 即可将复化 Simpson 公式推广.

5.3.3 经典线性多步法的推广: Lubich(鲁必切) 分数阶线性多步法

首先给出一阶积分方程线性多步法的基本思想, 并由此推广到分数阶微积分上.

考虑如下积分方程:

$$y(t) = Ju(t) = \int_0^t u(\tau)\mathrm{d}\tau, \tag{5.3.8}$$

记 $t_k = kh, y_k \approx y(t_k)(k = 0, 1, \cdots)$, 并令 $u_k = \begin{cases} u(kh), & k \geqslant 0, \\ 0, & k < 0. \end{cases}$ 用符号 z 表示离散向后转移算子 $z = E^{-h}$.

$$zu_n = u_{n-1}, \quad z^k u_n = u_{n-k}.$$

求解积分方程 (5.3.8) 式的一般线性多步法可以表示为

$$\alpha_p y_n + \alpha_{p-1} y_{n-1} + \cdots + \alpha_0 y_{n-p} = h(\beta_p y_n + \beta_{p-1} y_{n-1} + \cdots + \beta_0 y_{n-p}), \tag{5.3.9}$$

其中, 系数 α_k, β_k 给定. 引进 p 阶多项式

$$\rho(z) = \alpha_p + \alpha_{p-1} z + \cdots + \alpha_0 z^p, \quad \sigma(z) = \beta_p + \beta_{p-1} z + \cdots + \beta_0 z^p,$$

并记

$$\omega(z) = \frac{\rho(z)}{\sigma(z)}.$$

称 $\omega^{-1}(z)$ 为一阶积分方程线性多步法生成的函数. 那么线性多步法 (5.3.9) 可以表示为

$$\rho(z) y_n = h\sigma(z) u_n$$

或

$$y_n = h\omega^{-1}(z) u_n \approx Ju(nh). \tag{5.3.10}$$

并记其为 (ρ, σ) 型线性多步法. 将生成函数 $\omega^{-1}(z)$ 进行 Taylor 多项式级数展开:

$$\omega^{-1}(z) = \omega_0 + \omega_1 z + \omega_2 z^2 + \cdots,$$

于是线性多步法 (5.3.9) 式或 (5.3.10) 式可以表示成

$$y_n = h\sum_{j=0}^{\infty}\omega_j u_{n-j} \approx Ju(nh). \tag{5.3.11}$$

由于当 $k<0$ 时, $u_k=0$, 所以线性多步法 (5.3.11) 式可简化为

$$y_n = h\sum_{j=0}^{n}\omega_j u_{n-j} \approx Ju(nh). \tag{5.3.12}$$

同理, 由

$$u_n = h^{-1}\omega(z)u_{n-j} \approx y'(nh) \tag{5.3.13}$$

可定义一阶微分方程线性多步法的生成函数为 $\omega(z)$.

一阶微分方程经典的 $\beta_{kp+1} \neq D^p f(x_k, y_k)$ 阶向后差分多步法的生成函数为

$$\omega(z) = \sum_{k=0}^{p}\omega_j z^k = \sum_{k=0}^{p}\frac{1}{k}(1-z)^k := W_p(z). \tag{5.3.14}$$

将这种逼近一阶积分算子 $Ju(t)$ 的思想推广到分数阶积分算子的数值逼近. 于是得到如下逼近:

$$J^\alpha u(t) \approx h^\alpha(\omega(z))^{-\alpha}u(t) = h^\alpha\sum_{k=0}^{[t/h]}\omega_j^{(-\alpha)}u(t-jh) \tag{5.3.15}$$

或

$$^{GL}D_t^\alpha y(t) = J^\alpha y(t) = h^\alpha(\omega(z))^{-\alpha}y(t) = h^\alpha\sum_{k=0}^{[t/h]}\omega_j^{(-\alpha)}y(t-jh), \tag{5.3.16}$$

其中, 系数 $\omega_j^{(\beta)}(j=0,1,\cdots)$ 是一个生成函数的 Taylor 展开系数, 即

$$\omega_0^{(\beta)} + \omega_1^{(\beta)}z + \omega_2^{(\beta)}z^2 + \cdots = \omega^{(\beta)}(z), \tag{5.3.17}$$

$\beta<0$ 与 $\beta>0$ 分别表示 Riemann-Liouville 分数阶积分算子与微分算子对应的生成函数, 它们由一阶微分经典的 p 阶线性多步法的生成函数 (5.3.14) 式产生:

$$\omega^{(\beta)}(z) = (\omega(z))^\beta, \tag{5.3.18}$$

阶数 p 不同, 生成函数也不同. 根据经典生成函数表达式, 可以推导出分数阶线性多步法对应于 1 至 6 阶方法的生成函数如下:

$$W_1^{(\beta)}(x) = (W_1(x))^\beta = (1-x)^\beta,$$

$$W_2^{(\beta)}(x) = (W_2(x))^\beta = \left(\frac{3}{2} - 2x + \frac{1}{2}x^2\right)^\beta,$$

$$W_3^{(\beta)}(x) = (W_3(x))^\beta = \left(\frac{11}{6} - 3x + \frac{3}{2}x^2 - \frac{1}{3}x^3\right)^\beta,$$

$$W_4^{(\beta)}(x) = (W_4(x))^\beta = \left(\frac{25}{12} - 4x + 3x^2 - \frac{1}{3}x^3 + \frac{1}{4}x^4\right)^\beta,$$

$$W_5^{(\beta)}(x) = (W_5(x))^\beta = \left(\frac{137}{60} - 5x + 5x^2 - \frac{10}{3}x^3 + \frac{5}{4}x^4 - \frac{1}{5}x^5\right)^\beta,$$

$$W_6^{(\beta)}(x) = (W_6(x))^\beta = \left(\frac{147}{60} - 6x + \frac{15}{2}x^2 - \frac{20}{3}x^3 + \frac{15}{4}x^4 - \frac{6}{5}x^5 + \frac{1}{6}x^6\right)^\beta.$$

事实上, 上面提到的由 Grünwald-Letnikov 定义得到的近似方法就是由 $W_1^{(\alpha)}(x) = (1-x)^\alpha$ 的 Taylor 展开系数 $W_j^{(\alpha)} = (-1)^j \begin{pmatrix} n \\ j \end{pmatrix} (j = 0, 1, 2, \cdots)$ 得到的近似方法.

如果仅用 (5.3.16) 式来近似, Lubich 已经证明了它对函数 $f(t) = t^{v-1}$ 的误差为 $O(h^v) + O(h^p)$, 其中 $v > 0$, p 为对应方法的阶数 (2—6). 我们可以发现对于固定的 v, 即使 p 提高, 误差阶也只有 $O(h^v)$. 所以, 为了有更高阶的格式, Lubich 于 1986 年提出一种解决增加一校正项的技巧, 即采用如下格式来近似分数阶导数:

$$D_t^\beta f(t_n) \approx h^{-\beta} \sum_{j=0}^{n} \omega_{n-j}^{(\beta)} f(t_j) + h^{-\beta} \sum_{j=0}^{s} \bar{\omega}_{n,j} f(t_j), \tag{5.3.19}$$

其思想是加上一定的修正项使之能去掉 $O(h^v)$ 这一项, 这样, 总的误差阶就只有 $O(h^p)$. 关于 (5.3.19) 式中的修正项系数 $\bar{\omega}_{n,j}$ 的计算如下:

选取

$$A = \{\gamma = k + l\beta, k \leqslant 0, l = 0, 1, 2, \cdots; \gamma \leqslant p - 1\},$$

s 表示集合 A 中的元素个数减 1, 然后将 $f(t) = t^q, q \in A$ 代入方程 (5.3.19), 则得到关于 $\bar{\omega}_{n,j}$ 的线性方程组

$$\sum_{j=0}^{s} \bar{\omega}_{n,j} j^q = \frac{\Gamma(q+1)}{\Gamma(1-\beta+q)} n^{q-\beta} - \sum_{j=0}^{n} \omega_{n-j}^{(\beta)} j^q, \quad q \in A. \tag{5.3.20}$$

定理 5.3.1　假设 $f(t)$ 在区间 $[0,T]$ 上充分光滑可微, 系数由 (5.3.18) 式及 (5.3.14) 式定义; $\bar{\omega}_{n,j}$ 则由方程 (5.3.20) 确定, 那么

$$h^{-\beta}\sum_{j=0}^{n}\omega_{n-j}^{(\beta)}f(t_j)+h^{-\beta}\sum_{j=0}^{s}\bar{\omega}_{n,j}f(t_j)-D_t^{\beta}f(t_n)=O(h^p), \tag{5.3.21}$$

其中, $t_n\in[0,T],\omega_k^{(\beta)}=O(k^{\beta-1}),\bar{\omega}_{n,j}=O(n^{\beta-1})$.

习　题　5

1. 当 $f(t)=t^{\mu}$, $\mu>-1$ 时，计算 ${}_0^{RL}D_t^{\alpha}f(t)$.
2. 计算 ${}_0^{RL}D_t^{\alpha}\mathrm{e}^{\lambda t}, {}_{-\infty}^{RL}D_t^{\alpha}\mathrm{e}^{\lambda t}$.
3. 计算函数 $(t-a)^{\nu}$ 的分数阶微积分, 即 ${}_0^{RL}D_t^{p}\,(t-a)^{\nu}$.
4. 请说明 Riemann-Liouville 导数和 Caputo 导数之间的联系及应用背景.
5. 证明：${}_{-\infty}^{RL}D_t^{\alpha}\mathrm{e}^{\lambda t+\mu}=\lambda^{\alpha}\mathrm{e}^{\lambda t+\mu}$.
6. 证明：${}_{-\infty}^{RL}D_t^{\alpha}\sin(\lambda t)=\lambda^{\alpha}\sin\left(t+\dfrac{\alpha\pi}{2}\right)$.
7. 证明 R-L 分数阶导数的性质：

$${}_0D_t^{-\alpha}{}_0D_t^{-\beta}f(t)={}_0D_t^{-\alpha-\beta}f(t),\quad 其中\alpha>0,\beta>0.$$

8. 已知 $D_t^{0.75}f(t)=\dfrac{t^{-0.75}}{\Gamma(0.25)}$, $f(t)$ 及其各阶导数在 $t=0$ 时的值均为零, 试比较 Grünwald-Letnikov 与 Riemann-Liouville 分数阶导数的数值解的精度.

第5章电子课件

第 6 章　分数阶常微分方程的数值方法

本章主要讨论分数阶常微分方程的数值处理方法. 即基于分数阶导数的逼近方法, 研究分数阶微分方程的数值处理方法; 利用分数阶积分的逼近方法, 研究分数阶积分方程的数值处理方法.

考虑一般形式的分数阶常微分方程

$$a_m D_t^{\beta_m} y(t) + a_{m-1} D_t^{\beta_{m-1}} y(t) + \cdots + a_1 D_t^{\beta_1} y(t) + a_0 D_t^{\beta_0} y(t) = u(t), \quad (6.0.1)$$

其中 $u(t)$ 可以由某函数及其分数阶微分构成. 并假设 $\beta_m > \beta_{m-1} > \cdots > \beta_1 > \beta_0$.

假设函数 $y(t)$ 具有零初始条件, 则可以对该方程进行 Laplace 变换, 得出

$$G(s) = \frac{Y(s)}{U(s)} = \frac{1}{a_m s^{\beta_m} + a_{m-1} s^{\beta_{m-1}} + \cdots + a_1 s^{\beta_1} + a_0 s^{\beta_0}},$$

这里, $G(s)$ 又称为分数阶传递函数. 该方程的精确解法已经给出, 然而该算法用计算机实现有较大难度, 所以要讨论其他数值解法.

一般地, 用分数阶差商逼近公式近似求解, 则可直接导出微分方程 (6.0.1) 的数值解为

$$y_N = \frac{1}{\displaystyle\sum_{i=0}^{m} \frac{a_i c_{n,N}}{h^{\beta_i}}} \left(u(t_n) - \sum_{i=0}^{m} \frac{a_i}{h^{\beta_i}} \sum_{j=0}^{N-1} c_{n,j}^{(\beta_i)} y_j \right).$$

特别地, 考虑如下分数阶常微分方程

$$\frac{\partial^\alpha y(t)}{\partial t^\alpha} = f(t, y(t)), \quad t \in [0, T], \quad (6.0.2)$$

其中$\alpha > 0, m = [\alpha]$, 分数阶导数算子 $\dfrac{\partial^\alpha y(t)}{\partial t^\alpha}$ 为 Caputo 型或 Riemann-Liouville 型.

Caputo 型的初始条件为

$$D^k y(0) = y_0^{(k)}, \quad k = 0, 1, \cdots, m-1. \quad (6.0.3)$$

而 Riemann-Liouville 型的初始条件的提法为

$$D^{\alpha-k} y(0) = y_0^{(k)}, \quad k = 0, 1, \cdots, m. \quad (6.0.4)$$

由于 Riemann-Liouville 型分数阶微分方程给出的初值条件是分数阶导数形式, 其物理意义并不明确, 而 Caputo 型给出的初值条件方式与经典整数阶类似, 有着明确的物理意义, 所以我们将以 Caputo 型分数阶微分方程为主, 介绍各数值方法.

在一定的条件下, Grünwald-Letnikov 分数阶导数等价于 Riemann-Liouville 分数阶导数, 如果再设定齐次初值条件 $f(t)$, 那么它们也与 Caputo 型分数阶导数等价.

初值问题 (6.0.1)—(6.0.2) 等价于

$$y(t)=\sum_{t=0}^{m-1}\frac{t^k}{k!}y_0^{(k)}+\frac{1}{\Gamma(\alpha)}\int_0^t(t-\tau)^{\alpha-1}f(\tau,y(\tau))\mathrm{d}\tau, \tag{6.0.5}$$

即

$$y(t)=\sum_{t=0}^{m-1}\frac{t^k}{k!}y_0^{(k)}+J^\alpha f(t,y(t)). \tag{6.0.6}$$

许多整数阶常微分方程的数值算法可以推广应用到分数阶常微分方程, 但是由于分数阶导数的非局部性, 分数阶微分方程在其应用及数值计算上有非常大的不同. 其数值方法主要分为以下两种.

1. 直接法

直接对微分方程 (6.0.1) 构造差分格式, 即所谓的直接法. 分数阶导数由不同的表达形式 (弱或强的积分核算子) 可以得出不同的逼近方式. 根据 Caputo 分数阶导数与 Riemann-Liouville 型即 Grünwald-Letnikov 分数阶导数的关系, 我们可以采用 G-L 逼近、L-算法及分数阶线性多步法等.

2. 间接法

将式 (6.0.1) 转化成 Volterra (沃尔泰拉) 积分方程 (6.0.5), 然后应用 (或做适当推广) Volterra 问题的数值方法, 如预估校正法等数值方法构造数值格式, 即所谓的间接法.

6.1 直 接 法

考虑齐次初值条件的分数阶微分方程:

$$\begin{cases}\dfrac{\partial^\alpha y(t)}{\partial t^\alpha}=f(t,y(t)), & t\in[0,T],\\ y^{(k)}(0)=0, & k=0,1,\cdots,m-1.\end{cases} \tag{6.1.1}$$

此时

$$ {}^{C}D^{\alpha}y(t) = {}^{RL}D^{\alpha}y(t) = {}^{GL}D^{\alpha}y(t). $$

则直接应用分数阶导数的一般差商逼近公式, 得

$$ h^{-\alpha}\sum_{j=0}^{N} c_{n,j}^{(\alpha)} y_j = f(t_n, y_n), \quad n = 0, 1, \cdots, [t/h], \tag{6.1.2} $$

则上面方程组可以按下面的方式逐点计算

$$ y_N = \frac{h^{\alpha}}{c_{n,N}^{(\alpha)}} f(t_n, y_n) - \frac{1}{c_{n,N}^{(\alpha)}} \sum_{j=1}^{N-1} c_{n,j}^{(\alpha)} y_j, \quad n = 1, \cdots, [t/h], \tag{6.1.3} $$

其中, $N = n$ (对应到 G-L 逼近、L-1 算法、线性多步法) 或 $N = n + 1$ (对应到 G2 算法、L2 算法).

注 (1) 当 $N = n + 1$ 时, 可以按照 (6.1.3) 式显式地逐点计算, 但 L-2 算法仅针对 $1 < \alpha \leqslant 2$ 的情形. 目前该算法缺乏系统理论分析, 特别是稳定性分析.

(2) 当 $N = n$ 时, 若 f 线性, 则可以由 (6.1.3) 式逐点计算. 若为非齐次初值条件, 则可以通过变量变换齐次化, 具体为

(i) Caputo 型问题

$$ y(t) = \sum_{k=0}^{m-1} y^{(k)}(0) t^k + z(t), \tag{6.1.4} $$

(ii) Riemann-Liouville 型问题

$$ y(t) = \sum_{k=1}^{m} D^{\alpha-k} y(0) t^{\alpha-k} + z(t), \tag{6.1.5} $$

最后变成求解关于新变量 $z(t)$ 的带齐次初值条件的分数阶微分方程, 然后采用差分格式 (6.1.3) 数值计算. 若为非线性齐次初值条件, 则需要求解非线性方程或解线性方程组.

(3) 非线性非齐次初值条件的问题.

(i) G-L 算法.

Caputo 型分数阶常微分方程的差分格式需要加上校正项, 当 $0 < \alpha \leqslant 1$ 时, 格式校正为

$$ y_n = h^{\alpha} f(t_n, y_n) - \sum_{k=1}^{n} \omega_k^{\alpha} y_{n-k} - \left(\frac{n^{-\alpha}}{\Gamma(n-\alpha)} - \sum_{j=1}^{n} \omega_j^{\alpha} \right) y_0, \tag{6.1.6} $$

其中, $n=1,\cdots,[T/h]$.

(ii) D 算法.

根据 Caputo 型导数与 Riemann-Liouville 型导数的关系式

$$ {}^{C}D^{\alpha}y(t)=D^{\alpha}y(t)-D^{\alpha}T_{m-1}[y;0](t), \tag{6.1.7}$$

其中

$$T_{m-1}[y;a]=\sum_{k=0}^{m-1}\frac{t^k}{k!}y^{(k)}(0),$$

再应用 D 算法, 得

$$h^{-\alpha}\sum_{j=1}^{n}c_{n,j}y_j-\sum_{k=0}^{m-1}\frac{t_n^k}{k!}y^{(k)}(0)=f(t_n,y_n), \tag{6.1.8}$$

于是有

$$y_n=h^{\alpha}f(t_n,y_n)+h^{\alpha}\sum_{k=0}^{m-1}\frac{t^k}{k!}y^{(k)}(0)-\sum_{j=0}^{n-1}c_{n,j}y_j. \tag{6.1.9}$$

令 $\alpha=1$, 可得到经典的一阶微分方程的最简向后差分格式. 但这种逼近方法理论还不够完善, 其中两个重要的问题都没有好好解决: 方程 (6.1.9) 的可解性及具体的误差分析.

Diethelm 对 $0<\alpha<1, f(t,y)=\mu y+q(t)$ 这一特殊情况, 从这两个方面进行了讨论. 此时方程 (6.0.1) 变为

$$({}_0D_t^{\alpha}[y(t)-y(0)])(x)=\beta y(x)+f(x),\quad 0<x<1,\quad \beta\leqslant 0. \tag{6.1.10}$$

当 $y(t)\in C^2[0,T]$ 时, 理论分析得到方法的误差为 $O(h^{2-\alpha})$. Diethelm 和 Walz 进一步分析后得到数值解 y_n 的渐近展开式

$$y_n=y(x_n)+\sum_{l=2}^{M_1}a_i n^{l-\alpha}+\sum_{j=1}^{M_2}b_j n^{-2j}+O(x^{-\lambda M})\quad (n\to\infty), \tag{6.1.11}$$

其中自然数 M_1,M_2 由函数 $f(x)$ 和 $y(x)$ 的光滑性所定义. 常数 $a_k(k=1,\cdots,M_1)$ 和 $b_j(k=1,\cdots,M_2)$ 依赖于 $k-\alpha,2j$ 和 $M=\min\{\alpha-M_1,2M_2\}$. 它们利用该渐近估计式 (6.1.11) 阐述了数值求解问题 (6.1.10) 的一种外推法.

(iii) 线性多步法.

分数阶线性多步法最早由 Lubich 及其合作者 Hairer 和 Schlichte 提出.

根据关系式 (6.1.7) 及逼近格式 (5.3.19), 求解 Caputo 型分数阶微分方程 (6.1.1) 的 $p \in \{1,2,\cdots,6\}$ 阶 Lubich 分数阶线性多步法为

$$h^{-\alpha}\sum_{j=0}^{m}\omega_{m-j}^{(\alpha)}y_j + h^{-\alpha}\sum_{j=0}^{s}\bar{\omega}_{m,j}y_j - D^{\alpha}T_{n-1}[y;0](t_m)$$
$$= f(t_m, y_m), \quad m = 1,\cdots,N, \tag{6.1.12}$$

并可改写为

$$y_m = h^{\alpha}f(t_m,y_m) + h^{\alpha}D^{\alpha}T_{n-1}[y;0](t_m) - \sum_{j=0}^{m}\omega_{m-j}^{(\alpha)}y_j - \sum_{j=0}^{s}\bar{\omega}_{m,j}y_j, \quad m=1,\cdots,N, \tag{6.1.13}$$

其中, 系数 $\omega_k^{(\alpha)}$ 由如下生成函数给出:

$$\omega^{\alpha}(z) = \left(\sum_{k=1}^{p}\frac{1}{k}(1-z)^k\right)^{\alpha}, \tag{6.1.14}$$

而权 $\bar{\omega}_{m,j}$ 由下列方程组得到

$$\sum_{j=0}^{s}\bar{\omega}_{m,j}j^q = \frac{\Gamma(1+q)}{\Gamma(1+q-\alpha)}m^{q-\alpha} - \sum_{j=1}^{m}\omega_{m-j}^{(\alpha)}j^q,$$

具体可参见第 5 章内容. 存在很小的 $\varepsilon > 0$, 逼近格式 (6.1.13) 在任意网格点上的误差为 $O(h^{p-\varepsilon})$, 且 $\omega_k = O(k^{\alpha-1})$.

另外, 我们知道分数阶微分方程 (6.1.1) 可以转化成 Abel-Volterra 积分方程:

$$y(t) = T_{n-1}[y;0](t) + J^{\alpha}f(t,y(t)), \tag{6.1.15}$$

其中

$$J^{\alpha}f(t,y(t)) = \frac{1}{\Gamma(\alpha)}\int_0^t (t-\tau)^{\alpha-1}f(\tau,y(\tau))\mathrm{d}\tau.$$

对上式采用 $p \in \{1,2,\cdots,6\}$ 阶 Lubich 分数阶线性多步法得

$$y_m = T_{n-1}[y;0](t_m) + h^{\alpha}\sum_{j=0}^{m}\omega_{m-j}^{(-\alpha)}f(t_j,y_j) + h^{\alpha}\sum_{j=0}^{s}\bar{\omega}_{m,j}f(t_j,y_j), \quad m = 1,\cdots,N, \tag{6.1.16}$$

其中卷积系数 $\omega^{-\alpha}(z)$ 由如下生成函数给出:

$$\omega^{-\alpha}(z)=\left(\sum_{k=1}^{p}\frac{1}{k}(1-z)^k\right)^{-\alpha}. \tag{6.1.17}$$

而权 $\omega^{-\alpha}(z)$ 由下列方程组得到

$$\sum_{j=0}^{s}\bar{\omega}_{m,j}j^q=\frac{\Gamma(1+q)}{\Gamma(1+q-\alpha)}m^{q+\alpha}-\sum_{j=1}^{m}\omega_{m-j}^{(-\alpha)}j^q.$$

(iv) L 算法.

Shkhanukov 最早应用差分法方法研究如下的 Dirichlet 问题:

$$\begin{cases} Ly=\dfrac{\mathrm{d}}{\mathrm{d}x}\left[k(x)\dfrac{\mathrm{d}}{\mathrm{d}x}y(x)\right]-r(x)_0D_x^{\alpha}y(x)-q(x)y(x)=-f(x), & 0<x<1,\\ y(0)=y(1)=0, \quad k(x)\geqslant c_0>0, \quad r(x)\geqslant 0, \quad q(x)\geqslant 0, \end{cases} \tag{6.1.18}$$

这里 $0<\alpha<1$, ${}_0D_x^{\alpha}$ 为 Riemann-Liouville 分数阶导数. 他的方法是基于如下分数阶导数的逼近:

$${}_0D_x^{\alpha}y(x_i)=\frac{1}{\Gamma(2-\alpha)}\sum_{k=1}^{i}(x_{i-k+1}^{1-\alpha}-x_{i-k}^{1-\alpha})y_{\bar{x}k}, \tag{6.1.19}$$

其中, $y_{\bar{x}k}=\dfrac{y(x_k)-y(x_{k-1})}{x_k-x_{k-1}}$ 为 $y(x_k)$ 的一阶向前差商. 上式实际上就是前面提到的 L-1 算法. 仍采用均匀网格节点: $\{x_j=jh:j=0,1,\cdots,N-1\}, h=T/N$ 为步长. 利用式 (6.1.19) 逼近, Shkhanukov 得到了问题 (6.1.18) 的差分格式, 并且证明了它的稳定性和收敛性. 利用分数阶导数的差分逼近 (6.1.19), Shkhanukov 进一步构造了如下分数阶偏微分方程初边值问题的差分格式:

$$\begin{cases} D_t^{\alpha}u(x,t)=\dfrac{\partial^2u(x,t)}{\partial x^2}+f(x,t), \quad 0<x<1, \quad 0<t<T,\\ u(0,t)=u(1,t)=0, \quad 0\leqslant t\leqslant T,\\ u(x,0)=0, \quad D_t^{\alpha}u(x,t)|_{t=0,0\leqslant x\leqslant 1}, \end{cases} \tag{6.1.20}$$

并进一步得到了均匀网格情况下的差分格式的稳定性和收敛性.

6.2 间 接 法

6.2.1 R 算法

Diethelm 和 Freed 将如下非线性分数阶方程:

$$({}_0D_t^\alpha[y(t)-y(0)])(x)=f[x,y(x)]\quad (0<x<1;0<\alpha<1) \tag{6.2.1}$$

看成是第二类 Volterra 积分方程

$$y(x)=y(0)+\frac{1}{\Gamma(\alpha)}\int_0^x \frac{f[t,y(t)]}{(x-t)^{1-\alpha}}\mathrm{d}t. \tag{6.2.2}$$

将 (6.2.2) 中的积分看成加权积分, 权函数为 $(t_{n+1}-t)^{\alpha-1}$, 取节点 $t_j(j=0,1,\cdots,n+1)$, 并应用复化梯形求积公式进行求解, 即 R 算法.

R 算法常用到预估-校正格式中, 所以关于它的具体应用, 我们放在下面分析.

6.2.2 分数阶预估-校正方法

考虑如下分数阶常微分方程:

$$\begin{cases} {}^CD^\alpha y(t)=f(t,y(t)), & t\in[0,T], \\ y^{(k)}(0)=b_k, & k=0,1,\cdots,m-1, \end{cases} \tag{6.2.3}$$

这里 $\alpha>0, m=[\alpha]+1$, 分数阶导数算子 ${}^CD^\alpha$ 是 Caputo 型算子. 下面讨论其差分格式.

首先做网格剖分: 取均匀网格节点 $t_j=jh(h=T/N)$, 并记

$$y_j=y_h(t_j)\approx y(t_j),\quad f_j=f(x_j,y_j),\quad j=0,1,\cdots,N.$$

方程 (6.2.3) 等价于

$$y(t)=\sum_{k=0}^{m-1}\frac{t^k}{k!}b_k+\frac{1}{\Gamma(\alpha)}\int_0^t (t-\tau)^{\alpha-1}f(\tau,y(\tau))\mathrm{d}\tau, \tag{6.2.4}$$

即

$$y(t)=\sum_{k=0}^{m-1}\frac{t^k}{k!}b_k+J^\alpha f(t,y(t)). \tag{6.2.5}$$

(6.2.5) 右边第一项完全由初值决定, 因此为已知量; 第二项是函数 f 的 Riemann-Liouville 积分, 可以采用前面提到的 R 算法逼近. 若采用精度相对比较高的 R 算法离散, 则可得

$$y_n(t_{n+1}) = \sum_{k=0}^{m-1} \frac{t_{n+1}^k}{k!} b_k + h^\alpha \sum_{j=0}^{n+1} a_{j,n+1} f(t_j, y_h(t_j)), \tag{6.2.6}$$

其中, 系数

$$a_{j,n} = \frac{1}{\Gamma(2+\alpha)} \begin{cases} (1+\alpha)n^\alpha - n^{\alpha+1} + (n-1)^{1+\alpha}, & j=0, \\ (n-j+1)^{1+\alpha} - 1(n-j)^{1+\alpha} + (n-j-1)^{1+\alpha}, & 1 \leqslant j \leqslant n-1, \\ 1, & j=n. \end{cases} \tag{6.2.7}$$

差分逼近格式 (6.2.7) 称为分数阶 Adams-Moulton(亚当斯-莫尔顿) 方法.

由于未知量 $y_h(t_{n+1})$ 出现在等式两边和函数的非线性性, 我们一般不能直接求出未知量 $y_h(t_{n+1})$. 因此, 需要采用迭代求解, 即将预估的一个值 $y_h(t_{n+1})$ 代入到方程 (6.2.6) 的右边, 以便求出更好的逼近解.

设 $y_h^p(t_{n+1})$ 为预估值, 可用一些简单的方法 (显格式) 求得. 如

$$y_h^p(t_{n+1}) = \sum_{k=0}^{m-1} \frac{t_{n+1}^k}{k!} b_k + h^\alpha \sum_{j=0}^{n+1} b_{j,n+1} f(t_j, y_h(t_j)), \tag{6.2.8}$$

称之为分数阶 Euler 方法或分数阶 Adams-Bashforth (亚当斯-巴什福思) 方法, 其中

$$b_{j,n} = \frac{(n-j)^\alpha + (n-j-1)^\alpha}{\Gamma(1+\alpha)}.$$

将其代入 (6.2.6) 式右端取代 $D^\alpha f(t) = \dfrac{1}{\Gamma(\alpha)} \displaystyle\int_0^t \frac{f(\tau)}{(t-\tau)^{\alpha+1}} \mathrm{d}\tau$, 得

$$y_h(t_{n+1}) = \sum_{k=0}^{m-1} \frac{t_{n+1}^k}{k!} b_k + h^\alpha f(t_{n+1}, y_h^p(t_{n+1})) + h \sum_{j=0}^{n} a_{j,n+1} f(t_j, y_h(t_j)). \tag{6.2.9}$$

(6.2.8) 式和 (6.2.9) 式所决定的方法称为分数阶 Adams-Bashforth-Moulton 方法.

分数阶 Adams-Bashforth-Moulton 方法的计算过程主要包括以下四步.

(1) 预测: 由格式 (6.2.8) 预估 $y^p(t_{n+1})$.

(2) 估计: 计算函数值 $f(t_{n+1}, y_{n+1}^p)$.

(3) 校正: 由格式 (6.2.9) 校正 $y(t_{n+1})$.

(4) 估计: 再计算函数值 $f(t_{n+1}, y_h(t_{n+1}))$, 准备下一个循环迭代.

因此, 我们常称这种方法为预估-校正方法, 简记为 PECE(Predict, Evaluate, Correct, Evaluate).

接下来, 我们对这个格式做误差分析.

引理 6.2.1 假设 $g(t) \in C^1[0,T]$, 那么

$$\left| J^\alpha g(t_n) - h^\alpha \sum_{j=0}^{n-1} b_{j,n} g(t_j) \right| \leqslant \frac{1}{\Gamma(1+\alpha)} \|g'\|_\infty t_n^\alpha h. \tag{6.2.10}$$

引理 6.2.2 假设 $g(t) \in C^2[0,T]$, 那么存在依赖于 α 的常数 C_α, 使得

$$\left| J^\alpha g(t_n) - h^\alpha \sum_{j=0}^{n} a_{j,n} g(t_j) \right| \leqslant C_\alpha \|g''\|_\infty t_n^\alpha h^2. \tag{6.2.11}$$

定理 6.2.1 设 $\alpha > 0, y(t)$ 充分光滑, 且 ${}^C D_t^\alpha y(t) \in C^2[0,T]$. 而函数 $f(t,y)$ 关于第二个变量满足 Lipschitz 条件, 即

$$f(t,y_1) - f(t,y_2) \leqslant L|y_1 - y_2|, \tag{6.2.12}$$

那么校正格式 (6.2.8)—(6.2.9) 的误差满足

$$\max_{0\leqslant j\leqslant N} |y(t_j) - y_h(y_j)| = \begin{cases} O(h^2), & \alpha < 1, \\ O(h^{1+\alpha}), & \alpha \geqslant 1, \end{cases} \tag{6.2.13}$$

即

$$\max_{0\leqslant j\leqslant N} |y(t_j) - y_h(y_j)| = O(h^p), \tag{6.2.14}$$

其中, $p = \min\{2, 1+\alpha\}, M = [T/h]$.

证明略.

这里的误差估计是在一个比较严格的条件 (${}^C D^\alpha y(t) \in C^2[0,T]$) 下得到的. 因为对于光滑函数 $y(t)$, 其分数阶导数 ${}^C D^\alpha y(t)$ 很有可能非光滑. Diethelm 等还给出了在其他一些条件假设下的不同误差估计结果.

下面给出的收敛性估计是在对函数 $y(t)$ 自身光滑要求下得出的结论.

定理 6.2.2 设 $0 < \alpha \leqslant 1$, $y(t) \in C^2[0,T]$, 且函数 $f(t,y)$ 关于第二个变量满足 Lipschitz 条件 (6.2.12), 那么

$$|y(t_j) - y_h(y_j)| = C t_j^{\alpha-1} \times \begin{cases} h^{1+\alpha}, & 0 < \alpha \leqslant 1/2, \\ h^{2-\alpha}, & 1/2 < \alpha \leqslant 1, \end{cases} \tag{6.2.15}$$

其中, C 是与 j,h 无关的常数.

注 (1) 相比较于整数阶的情形, 分数阶导数为非局部算子, 这意味着某一点的分数阶导数的计算不能只用到该点附近的函数值, 而且还要用到全局历史数据, 即该点之前的所有点的函数值. 这一性质虽然能更好地刻画一些带有记忆原理的物理现象, 但却对数值计算带来了很大的麻烦. 本方法的计算量为 $O(N^2)$(整数阶的情形为 $O(N)$), 其中 $N_0J_t^{-q}f(t) = {}_0D_t^qf(t) = \dfrac{1}{\Gamma(-q)}\sum\limits_{j=0}^{[t/h]}\int_{t_j}^{t_{j+1}}\dfrac{f(t-\tau)}{\tau^{q+1}}\mathrm{d}\tau$ 为需要计算的点数. 目前在这方面的改进方法有短记忆原理, 其代价是方法的精度丢失, 另外, 对于某些问题会出现计算的不稳定性. 另外一种改进办法是 "Nest Memory Concept"(嵌套存储概念), 计算的复杂程度降为 $O(N\lg N)$, 并且保留了方法原有的精度.

(2) 方法的稳定性分析等同经典的 Adams-Bashforth-Moulton 格式. 一种提高稳定性的方法是所谓的 $P(EC)^mE$ 算法, 即每次计算校正 m 次. 通过增加校正迭代次数, 使之在不改变收敛性的前提下提高方法的稳定性, 同时也没有改变算法的复杂度.

(3) 方法精度的提高: 采用 Richardson 外推法提高算法精度. 即在每一时间步长上算出 2 倍网格的数值 $u_{i,2N}^n$, 然后采用 Richardson 外推公式 $2u_{2i,2N}^n - u_i^n$ 作为新的数值 $\bar{u}_i^n$, 这样, 方法在空间上就达到 $O(h^2)$ 收敛阶.

习 题 6

1. 双参数 Mittag-Leffler 函数 $E_{\alpha,\beta}(z) = \sum\limits_{k=0}^{\infty}\dfrac{z^k}{\Gamma(\alpha k+\beta)}$, 其中 $\alpha,\beta\in C$, $\mathrm{Re}\,(\alpha)>0$, $\mathrm{Re}\,(\beta)>0$. 证明：$E_{1,2}(z) = \dfrac{\mathrm{e}^z-1}{z}$.

2. 如果输入信号为 $u(t)=\sin t^2$，试求如下零初值分数阶微分方程

$$D_t^{3.5}y(t)+8D_t^{3.1}y(t)+26D_t^{2.3}y(t)+73D_t^{1.2}y(t)+90D_t^{0.5}y(t)=30u'(t)+90D_t^{0.3}u(t)$$

的数值解.

3. 试用 Laplace 变换求解下面的零初值分数阶微分方程

$$D_t^{1.2}y(t)+5D_t^{0.9}y(t)+9D_t^{0.6}y(t)+7D_t^{0.3}y(t)+2y(t)=u(t),$$

其中 $u(t)$ 为单位阶跃输入或单位脉冲输入.

4. 试求出下面的分数阶非线性微分方程的预估解

$${}_0^CD_t^{1.455}y(t) = -t^{0.1}\frac{E_{1,1.545}(-t)}{E_{1,1.445}(-t)}\mathrm{e}^ty(t){}_0^CD_t^{0.555}y(t)+\mathrm{e}^{-2t}-\left[y'(t)\right]^2,$$

其中 $y(0)=1, y'(0)=-1$.

5. 试求上述方程的校正解.

6. 假设已知分数阶线性微分方程为

$$0.8D_t^{2.2}y(t)+0.5D_t^{0.9}y(t)+y(t)=1,\quad y(0)=y'(0)=y''(0)=0,$$

试求该微分方程的数值解.

7. 试求解下面分数阶微分方程

$$y'''(t)+{}_0^{RL}D_t^{2.5}y(t)+y(t)=-1+t-\frac{t^2}{2}-t^{0.5}E_{1,1.5}(-t)$$

的数值解. 已知该分数阶微分方程的解析解为 $y(t)=-1+t-\dfrac{t^2}{2}+\mathrm{e}^{-t}$，试求解数值解与解析解的误差.

8. 计算函数 $f(t)=\mathrm{e}^{-t}$ 的 0.6 阶 Caputo 导数，并计算不同步长时的求解精度. 已知 Caputo 导数的解析解为 $y_0(t)=-t^{0.4}E_{1,1.4}(-t)$.

第6章电子课件

第 7 章　分数阶偏微分方程的数值方法

分数阶偏微分方程的数值算法中, 目前应用较多、较成熟的方法仍是有限差分方法, 其数值理论分析所采用的方法包括 Fourier 分析、能量估计、矩阵方法 (特征值) 和数学归纳法等. 而对于其他一些数值方法, 或不具普适性, 或缺乏相对较完善的理论分析, 有待进一步的研究.

下面以分数阶对流-扩散方程为例来说明这类有限差分方法的构造思想.

我们将分别考虑与时间相关、与空间相关、与空间和时间都相关的分数阶对流-扩散方程的有限差分方法. 即考虑如下变系数分数阶对流-扩散方程:

$$\frac{\partial^\alpha u(x,t)}{\partial t^\alpha} = -v(x,t)D_x^\beta u(x,t) + d(x,t)D_x^\gamma u(x,t) + f(x,t),$$
$$0 < t \leqslant T, \quad L < x < R, \tag{7.0.1}$$

其中 $0<\alpha,\beta\leqslant 1, 1<\gamma\leqslant 2$, 且 $v,d\geqslant 0$. $\dfrac{\partial^\alpha u(x,t)}{\partial t^\alpha} = {}_0^C D_t^\alpha u(x,t)$ 为 Caputo 时间分数阶导数; $D_x^\mu u(x,t) = {}_L^{RL} D_x^\mu u(x,t)$ 为 Riemann-Liouville 空间分数阶导数.

7.1　空间分数阶对流-扩散方程

考虑如下变系数的空间分数阶对流-扩散方程

$$\frac{\partial u(x,t)}{\partial t} = -v(x)\frac{\partial u(x,t)}{\partial x} + d(x)D_x^\gamma u(x,t) + f(x,t), \quad 0<t\leqslant T, \quad L<x<R, \tag{7.1.1}$$

并给定初边值条件

$$\begin{aligned} &u(x,t=0) = \psi(x), \quad L<x<R; \\ &u(x=L,t) = 0, \quad \frac{\partial u}{\partial t}(x=R,t) = 0. \end{aligned} \tag{7.1.2}$$

方程 (7.1.1) 中的时间和空间一阶导数可以采用一阶差商逼近, 而空间分数阶导数则可以直接利用分数阶 Riemann-Liouville 定义与 Grünwald-Letnikov 定义的等价性, 采用 Grünwald-Letnikov 逼近. 但是 Meerschaert 等已经证明: 基于标准的 Grünwald-Letnikov 公式的显式、隐式 Euler 方法及 C-N 方法均不稳定, 需要用到移位的 Grünwald-Letnikov 公式. 由于 $1 < \gamma \leqslant 2$, 最佳移位数 $p = 1$, 即采用如下逼近公式:

$$D_x^\gamma u(x,t) \approx h^{-\gamma} \sum_{k=0}^{[(x-L)/h]} \omega_k^{(\gamma)} u(x-(k-1)h,t). \tag{7.1.3}$$

令 $0 \leqslant t_n = n\tau \leqslant T, x_i = L + ih, h = (R-L)/M, i = 0,1,\cdots,M, u_i^n \approx u(x_i,t_n), v_i = v(x_i)$, $d_i = d(x_i)$, $f_i^n = f(x_i,t_n)$.

定理 7.1.1(刘发旺等, 2015) 对于空间分数阶对流-扩散方程 (7.1.1), 其基于移位的 Grünwald-Letnikov 逼近公式 (7.1.3) 的隐式差分格式

$$\frac{u_i^{n+1}-u_i^n}{\tau} = -v_i\frac{u_i^{n+1}-u_i^n}{h} + \frac{d_i}{h^\gamma}\sum_{k=0}^{i+1}\omega_k^{(\gamma)}u_{i-k+1}^{n+1} + f_i^{n+1} \tag{7.1.4}$$

连续, 无条件稳定, 且收敛.

证明 由于左边界条件 $u(L,t)=0$, 根据定理 5.2.1, 修正的 Grünwald-Letnikov 的逼近 (7.1.3) 的精度为 $O(h)$. 所以 (7.1.4) 逼近的精度为 $O(h)+O(\tau)$, 即满足连续.

记 $E_i = v_i\tau/h, B_i = d_i\tau/h^\gamma$, 那么隐式差分格式 (7.1.4) 可以表示为

$$u_i^{n+1} - u_i^n = -E_i(u_i^{n+1} - u_{i-1}^{n+1}) + B_i\sum_{k=0}^{i+1}\omega_k^{(\gamma)}u_{i-k+1}^{n+1} + \tau f_i^{n+1} \tag{7.1.5}$$

或

$$-B_i\omega_0^{(\gamma)}u_{i+1}^{n+1} + (1+E_i-B_i\omega_1^{(\gamma)})u_i^{n+1} - (E_i - B_i\omega_2^{(\gamma)})u_{i-1}^{n+1} - B_i\sum_{k=3}^{i+1}\omega_k^{(\gamma)}u_{i-k+1}^{n+1}$$
$$= u_i^n + \tau f_i^{n+1}. \tag{7.1.6}$$

记向量符号

$$\underline{U}^{n+1} = (u_0^{n+1}, u_1^{n+1}, \cdots, u_M^{n+1})^{\mathrm{T}},$$

$$\underline{U}^n + \tau\underline{F}^{n+1} = (0, u_1^n + \tau f_1^{n+1}, u_2^n + \tau f_2^{n+1}, \cdots, u_{M-1}^n + \tau f_{M-1}^{n+1}, u_M^n + \tau f_M^{n+1})^{\mathrm{T}}.$$

于是 (7.1.6) 式可以用线性代数系统 $\underline{AU}^{n+1} = \underline{U}^n + \tau\underline{F}^{n+1}$ 表示, 其中 $\underline{A} = [A_{i,j}]$ 为系数矩阵, 其元素 $A_{i,j}$ 定义为 (注意到 $\omega_0^{(\gamma)} = 1, \omega_1^{(\beta)} = -\beta$)

$$\begin{cases} A_{0,0} = 1, \quad A_{0,j} = 0, \quad j = 1,2,\cdots,M; \\ A_{M,M} = 1, \quad A_{M,j} = 0, \quad j = 0,1,\cdots,M-1 \end{cases} \tag{7.1.7}$$

及当 $i,j=1,2,\cdots,M-1$ 时,

$$A_{i,j}=\begin{cases}0, & j\geqslant i+2,\\ -B_i\omega_0^{(\gamma)}, & j=i+1,\\ 1+E_i-B_i\omega_1^{(\gamma)}, & j=i,\\ -E_i-B_i\omega_2^{(\gamma)}, & j=i-1,\\ -B_i\omega_{i-j+1}^{(\gamma)}, & j\leqslant i-1.\end{cases} \tag{7.1.8}$$

设 λ 为矩阵 $\underline{A}$ 的特征值, $\underline{X}$ 为对应的特征向量, 即满足 $\underline{AX}=\lambda\underline{X}$. 选择 i 使得 $\|x_i\|=\max\{|x_j|:j=0,\cdots,M\}$. 于是由 $\sum\limits_{j=0}^{M}A_{i,j}x_j=\lambda x_j$, 得

$$\lambda=A_{i,j}+\sum_{j=0,j\neq i}^{M}A_{i,j}\frac{x_j}{x_i}. \tag{7.1.9}$$

若 $i=0$ 或 $i=M$, 则 $\lambda=1$. 否则, 将 (7.1.8) 式代入 (7.1.9) 式得

$$\begin{aligned}\lambda&=1+E_i-B_i\omega_1^{(\gamma)}-B_i\omega_0^{(\gamma)}\frac{x_{i+1}}{x_i}-(E_i-B_i\omega_2^{(\gamma)})\frac{x_{i-1}}{x_i}-B_i\sum_{j=0}^{i-1}\omega_{i-j+1}^{(\gamma)}\frac{x_j}{x_i}\\&=1+E_i\left(1-\frac{x_{i-1}}{x_i}\right)-B_i\left[\omega_1^{(\gamma)}+\sum_{j=0,j\neq i}^{i-1}\omega_{i-j+1}^{(\gamma)}\frac{x_j}{x_i}\right].\end{aligned} \tag{7.1.10}$$

由于 $\sum\limits_{k=0}^{\infty}\omega_k^{(\gamma)}=0, 1<\gamma\leqslant 2$, 所以权系数中只有一个 $\omega_1^{(\gamma)}=-\gamma$ 为负数, 且

$$-\omega_1^{(\gamma)}\geqslant\sum_{k=0,k\neq 1}^{j}\omega_k^{(\gamma)},\quad j=0,1,2,\cdots.$$

又由于 $|x_j/x_i|\leqslant 1$, 且 $\omega_1^{(\gamma)}\geqslant 0, j=0,2,3,4,\cdots$, 于是有

$$\sum_{j=0,j\neq i}^{i+1}\omega_{i-j+1}^{(\gamma)}|x_j/x_i|\leqslant\sum_{j=0,j\neq i}^{i+1}\omega_{i-j+1}^{(\gamma)}\leqslant-\omega_1^{(\gamma)}.$$

所以

$$\omega_1^{(\gamma)}+\sum_{j=0,j\neq i}^{i+1}\omega_{i-j+1}^{(\gamma)}|x_j/x_i|\leqslant 0.$$

由于参数 B_i, E_i 为非负实数, 所以可以得出系数矩阵 $\underline{A}$ 的特征值满足 $\|\lambda\| \geqslant 1$. 从而系数矩阵可逆, 逆矩阵 $\underline{A}^{-1}$ 的特征值 η 满足 $\|\eta\| \leqslant 1$. 即 $\underline{A}^{-1}$ 的谱半径不大于 1, 即 $\rho(\underline{A}^{-1}) \leqslant 1$. 设 ε^k 为第 k 步 $\underline{U}^k$ 产生的误差, 则 $\|\underline{\varepsilon}^k\| \leqslant \|\underline{\varepsilon}^0\|$, 即方法无条件稳定. 再由 Lax 等价定理得方法收敛. □

注 (1) 局部阶段误差为 $O(\tau)+O(h)$.

(2) 当 $v=v(x,t), d=d(x,t)$ 时, 结论不变.

(3) 可推广应用到其他右边界条件, 如

$$u(R,t)+v\frac{\partial u}{\partial t}u(R,t)=\phi(t), \quad v \geqslant 0.$$

(4) 当 $\gamma=2$ 时, 差分格式 (4.1.4) 退化为经典的二阶中心差商逼近空间二阶导数. 此时移位的 Grünwald-Letnikov 公式为经典的中心差商

$$\frac{\partial^2 u(x,t)}{\partial x^2} \approx \frac{u_{i+1}^n-2u_i^n+u_{i-1}^n}{h^2}.$$

(5) 可推广应用到其他方程上, Meerschaert 等将这一技巧推广到二维的空间分数阶偏微分方程以及双边空间分数阶导数的偏微分方程, 得出基于移位的 Grünwald-Letnikov 公式的隐格式为无条件稳定, 而显格式为条件稳定, 并且稳定条件可以看作是经典抛物和双曲型方程显式差分格式稳定性条件的推广.

(6) 基于移位的 Grünwald-Letnikov 逼近的其他差分格式的应用. 例如, ① 对流项可以采用中心差商, 类似的 Lax-Wendroff(拉克斯-温德罗夫) 格式等 (条件稳定); ② 加权平均法 (weighted average methods), 即差分格式由方程 (7.1.1) 如下逼近方程构造

$$\begin{aligned}\left.\frac{\partial u(x,t)}{\partial t}\right|_{\left(x_j,t_{n+\frac{1}{2}}\right)} =& (1-\lambda)\left[-v(x)\frac{\partial u(x,t)}{\partial x}+d(x)D_x^{\gamma}u(x,t)\right]_{\left(x_j,t_{n+\frac{1}{2}}\right)} \\ &+\lambda\left[-v(x)\frac{\partial u(x,t)}{\partial x}+d(x)D_x^{\gamma}u(x,t)\right]_{(x_j,t_n)}+f\left(x_j,t_{n+\frac{1}{2}}\right),\end{aligned} \tag{7.1.11}$$

其中 λ 为权系数. 对上式左边的时间导数采用二阶中心差商, 右边的一阶空间导数采用一阶向后差商, 空间分数阶导数采用修正的 Grünwald-Letnikov 公式. 特别地, 当 $\lambda=1/2$ 时, 称为分数阶 Crank-Nicolson(克兰克-尼尔科森) 格式. 同样的方式可以证明 Crank-Nicolson 方法是稳定、收敛的, 并采用 Richardson 外推法得到时间、空间都达到二阶. 这种加权平均方法还可推广应用到双边空间分数阶对流-扩散方程.

(7) 基于 L 算法的差分格式: 对于空间分数阶导数, 也可以采用 L 算法, 以获得类似的分数阶 Euler 方法, 但是此类方法大都没有给出理论上的收敛性和稳定性分析.

7.2 时间分数阶偏微分方程

时间分数阶扩散方程在物理上有着较为深刻的应用, 可描述带有长时记忆的扩散过程.

考虑如下时间分数阶扩散方程:

$$\frac{\partial u(x,t)}{\partial t}=K_\mu D_t^{1-\mu}\frac{\partial^2 u(x,t)}{\partial x^2},\quad 0\leqslant x\leqslant L,\quad t>0. \tag{7.2.1}$$

给出如下初边值条件:

$$u(x,t=0)=g(x),\quad 0\leqslant x\leqslant L, \tag{7.2.2}$$

$$u(x=0,t)=\varphi_1(x),\quad u(x=L,t)=\varphi_2(x). \tag{7.2.3}$$

令 $x_i=ih, i=0,1,\cdots,M; h=L/N; t_k=k\tau, k=0,1,\cdots,M;\tau=T/M$.

7.2.1 差分格式

下面我们分别采用时间一阶向前差商和空间二阶中心差商逼近 (7.2.1) 中的时间一阶导数和空间二阶导数:

$$\frac{\partial u}{\partial t}(x_j,t_k)=\frac{u_j^{k+1}-u_j^k}{\tau}+O(\tau), \tag{7.2.4}$$

$$\frac{\partial^2 u}{\partial x^2}(x_j,t_k)=\frac{u_{j-1}^k-2u_j^k+u_{j+1}^k}{h^2}+O(h^2). \tag{7.2.5}$$

于是可得

$$\frac{u_j^{k+1}-u_j^k}{\tau}=K_\mu D_t^{1-\mu}\frac{u_{j-1}^k-2u_j^k+u_{j+1}^k}{h^2}+T(x,t), \tag{7.2.6}$$

其中 $T(x,t)$ 为截断误差. 此方法简称 FTCS 方法.

对于分数阶导数的离散, 我们采用高阶线性多步法, 即

$$D_t^{1-\mu}f(t)=\bar{h}^{-(1-\mu)}\sum_{j=0}^{[t/\bar{h}]}\omega_j^{(1-\mu)}f(t-j\bar{h})+O(\bar{h}^p), \tag{7.2.7}$$

其中 $\bar{h}$ 为步长, 这里取 $\bar{h}=\tau$, 系数 $\omega_j^{(\alpha)}$ 由对应的生成函数 $W_p^{(\alpha)}(z)$ 获得. 当 $p=1$ 时, $W_1^{(\alpha)}(z)=(1-z)^\alpha$, 对应 Grünwald-Letnikov 方法, 也称为分数阶一阶向后差商逼近; 当 $p=2$ 时, $W_2^{(\alpha)}(z)=\left(\frac{3}{2}-2z+\frac{1}{2}z^2\right)^\alpha$ 称为分数阶二阶向后差商逼近.

将上述格式代入方程并舍去截断误差得

$$u_j^{k+1}=u_j^k+S_\mu\sum_{m=0}^{k}\omega_m^{(1-\mu)}(u_{j-1}^{k-m}-2u_j^{k-m}+u_{j+1}^{k-m}), \tag{7.2.8}$$

其中, $S_\mu=K_\mu\frac{\tau^\mu}{h^2}$.

7.2.2 稳定性分析 (Fourier-von Neumann 方法)

令 $u_j^k=\varsigma_k\mathrm{e}^{iqjh}$, q 为空间波数. 并将其代入 (7.2.6) 式得

$$\varsigma_{k+1}=\varsigma_k-4S_\mu\sin^2\left(\frac{qh}{2}\right)\sum_{m=0}^{k}\omega_m^{(1-\mu)}\varsigma_{k-m}, \tag{7.2.9}$$

它是下面分数阶微分方程的离散形式

$$\frac{\mathrm{d}\psi(t)}{\mathrm{d}t}=-4C\sin^2\left(\frac{qh}{2}\right)D_t^{1-\mu}\psi(t), \tag{7.2.10}$$

其中 $C=S_\mu\tau^\mu$, 它的解可由 Mittag-Leffler (米塔-列夫勒) 函数表示. 令

$$\varsigma_{k+1}=\xi\varsigma_k, \tag{7.2.11}$$

并假设 $\xi=\xi(q)$ 与时间无关. 将其代入 (7.2.9) 式得

$$\xi=1-4S_\mu\sin^2\left(\frac{qh}{2}\right)\sum_{m=0}^{k}\omega_m^{(1-\mu)}\xi^{-m}. \tag{7.2.12}$$

若存在 q, 使得 $|\xi|>1$, 则方法不稳定.

考虑极限情况 $\xi=-1$, 则

$$S_\mu\sin^2\left(\frac{qh}{2}\right)\leqslant\frac{1}{\sum_{m=0}^{k}(-1)^m\omega_m^{(1-\mu)}}\equiv\bar{S}_{\mu,k}. \tag{7.2.13}$$

式 (7.2.13) 的估计界限依赖于迭代次数 k. 令 $\bar{S}_\mu = \lim_{k\to\infty} \bar{S}_{\mu,k}$, 其值可由 (7.2.14) 式及生成函数 $W_p^{(\beta)}(z) = (1-z)^\beta = \sum_{m=0}^{k} \omega_m^{(\beta)} z^m$ (取 $z=-1, \beta = 1-\mu$) 获得.

因此, 要使方法稳定, 则需要满足 (充分条件)

$$S_\mu \sin^2\left(\frac{qh}{2}\right) \leqslant \bar{S}_\mu = \frac{1}{2W_p^{(1-\mu)}(-1)}. \tag{7.2.14}$$

文献 (Yuste and Acedo, 2005) 中采用数值测试证明式 (7.2.14) 也是方法稳定性的必要条件, 即得差分格式 (7.2.6) 稳定的充分必要条件

$$S_\mu \leqslant \frac{\bar{S}_\mu}{\sin^2\left(\dfrac{qh}{2}\right)}. \tag{7.2.15}$$

因此, 若

$$S_\mu = K_\mu \frac{\tau^\mu}{h^2} \leqslant \bar{S}_\mu, \tag{7.2.16}$$

则方法稳定.

7.2.3 误差分析

由式 (7.2.6), 可知方法的截断误差为

$$T(x,t) = \frac{u_j^{k+1} - u_j^k}{\tau} - K_\mu D_t^{1-\mu} \frac{u_{j-1}^k - 2u_j^k + u_{j+1}^k}{h^2}, \tag{7.2.17}$$

又因为

$$\frac{u_j^{k+1} - u_j^k}{\tau} = u_t + \frac{1}{2}u_{tt}\tau + O(\tau^2) \tag{7.2.18}$$

且

$$\begin{aligned} &D_t^{1-\mu}(u_{j-1}^k - 2u_j^k + u_{j+1}^k) \\ =& \frac{1}{h^{1-\mu}} \sum_{m=0}^{k} \omega_m^{(1-\mu)} \left(u_{xx} + \frac{1}{12}u_{xxx}(h)^2 + \cdots\right) + O(\bar{h}^p), \end{aligned} \tag{7.2.19}$$

所以

$$\begin{aligned} T(x,t) &= O(\bar{h}^p) + \frac{1}{2}u_{tt}\tau - \frac{K_\mu h^2}{12} D_t^{1-\mu} u_{xxxx} \\ &= O(\bar{h}^p) + O(\tau) + O(h^2). \end{aligned} \tag{7.2.20}$$

因此, 假设 ① u 的初边值条件相容 (也是经典的 FTCS 方法的前提条件); ② u 在初始点 $t=0$ 处充分光滑 (这是线性多步法成立的条件), 则 FTCS 方法无条件连续, 即

$$T(x,t)\to 0,\quad \bar{h},\tau,h\to 0.$$

注 (1) 特别地, 当 $p=1$ 时, $W_1^{(\alpha)}=(1-z)^\alpha$, 所以 $\bar{S}_\mu=\dfrac{1}{2^{2-\mu}}$; 当 $p=2$ 时, $W_2^{(\alpha)}=\left(\dfrac{3}{2}-2z+\dfrac{1}{2}z^2\right)^\alpha$, 此时, $\bar{S}_\mu=\dfrac{1}{2^{3/2-\mu}}$.

(2) 注意到, 当 $\mu<1$ 时, $\dfrac{1}{2^{3/2-\mu}}\leqslant\dfrac{1}{2^{2-\mu}}$, 即分数阶 BDF 方法 ($p=2$) 的稳定性比 BDF($p=1$) 差一些.

(3) 在实际计算中, 一般取 $\bar{h}=\tau$, 由 (7.2.20) 知, 对于分数阶导数的高阶线性多步法 ($p>1$), 并不能真正提高 FTCS 方法的精度. 而在稳定性方面, 如前面所述, 高阶的方法 ($p=2$) 的稳定性反而比低阶 $p=1$ 更差. 所以, 实际应用中取 $p=1$, 即采用基于 Grünwald-Letnikov 算法的 FTCS 格式.

(4) 整体误差的分析见 (Chen, et al., 2008), 该文献同时也给出了隐式的差分格式, 并进行了稳定性和收敛性分析.

(5) 基于 L-1 算法的 FTCS 方法.

Caputo 时间分数阶导数 $\dfrac{\partial^\alpha u(x,t)}{\partial t^\alpha}={}^C D_t^\alpha u(x,t)$ 采用 L-1 算法:

$$\frac{\partial^\alpha u(x_i,t_{k+1})}{\partial t^\alpha}=\frac{\tau^{-\alpha}}{\Gamma(2-\alpha)}\sum_{j=0}^{k}b_j^{(\alpha)}(u(x_i,t_{k-j+1})-u(x_i,t_{k-j}))+O(\tau),\quad(7.2.21)$$

其中, $b_j^{(\alpha)}=(j+1)^{1-\alpha}-j^{1-\alpha}$, 并简记为 $b_j^{(\alpha)}=b_j$.

时间一阶导数和空间二阶导数分别采用一阶向后差商和二阶中心差商逼近得到

$$\begin{aligned}&(1+2\rho)u_j^{k+1}-\rho u_{j+1}^{k+1}-\rho u_{j-1}^{k+1}\\&=(1+2\rho)u_j^k-\rho u_{j+1}^k-\rho u_{j-1}^k+\rho\frac{\mu}{(k+1)^{1-\mu}}\Delta_h^2u_j^0+\rho\sum_{l=0}^{k-1}b_{k=l}^{(1-\mu)}(\Delta_h^2u_j^{l+1}-\Delta_h^2u_j^l),\end{aligned}\quad(7.2.22)$$

其中 $\rho=\dfrac{K_\mu\tau^\mu}{h^2\Gamma(1+\mu)}, b_j^{(\alpha)}=(j+1)^{1-\alpha}-j^{1-\alpha}, \Delta_h^2u_j^k=u_{j+1}^k-2u_j^k+u_{j-1}^k$.

Langlands 和 Henry 对这一隐式差分格式进行了简单的稳定性分析和收敛性分析, 得到局部截断误差为 $O(\tau^{2-\mu})+O(h^2)$, 但是没有给出整体误差分析.

7.3 时间–空间分数阶偏微分方程

考虑变系数分数阶对流–扩散方程 (7.0.1), 其初始和边界条件为

$$u(x,t=0)=g(x),\quad 0\leqslant x\leqslant L, \tag{7.3.1}$$

$$u(x=0,t)=0,\quad u(x=L,t)=\varphi(x). \tag{7.3.2}$$

7.3.1 差分格式

做网格剖分, 令 τ, h 分别为时间和空间步长, 并记

$$x_i=ih,\quad i=0,1,\cdots,N;\quad h=L/N,$$

$$t_k=k\tau,\quad k=0,1,\cdots,M;\quad \tau=T/M.$$

Caputo 时间分数阶导数 $\dfrac{\partial^\alpha u(x,t)}{\partial t^\alpha}={}^C D_t^\alpha u(x,t)$ 采用 L-1 算法:

$$\frac{\partial^\alpha u(x_i,t_{k+1})}{\partial t^\alpha}=\frac{\tau^{-\alpha}}{\Gamma(2-\alpha)}\sum_{j=0}^{k}b_j^{(\alpha)}(u(x_i,t_{k-j+1})-u(x_i,t_{k-j}))+O(\tau), \tag{7.3.3}$$

其中 $b_j^{(\alpha)}=(j+1)^{1-\alpha}-j^{1-\alpha}$, 并简记为 $b_j^{(\alpha)}=b_j$.

Riemann-Liouville 空间分数阶导数采用 Grünwald-Letnikov 逼近算法. 由于 $0<\beta\leqslant 1, 1<\gamma\leqslant 2$, 所以 $D_x^\beta u(x,t)$ 和 $D_x^\gamma u(x,t)$ 的 Grünwald-Letnikov 逼近算法中, 最佳移位数分别是 $p=0$ 和 $p=1$, 即分别采用标准的和移位的 Grünwald-Letnikov 算法离散:

$$D_x^\beta u(x_i,t_{k+1})=h^{-\beta}\sum_{j=0}^{i}\omega_j^{(\beta)}u(x_i-jh,t_{k+1})+O(h); \tag{7.3.4}$$

$$D_x^\gamma u(x_i,t_{k+1})=h^{-\gamma}\sum_{j=0}^{i}\omega_j^{(\gamma)}u(x_i-(j-1)h,t_{k+1})+O(h), \tag{7.3.5}$$

其中 $\omega_i^{(\mu)}=(-1)^j\dfrac{\mu(\mu-1)\cdots(\mu-l+1)}{j!}$. 于是可得到如下隐式差分格式:

$$\sum_{j=0}^{k}b_j(u_i^{k-j+1}-u_i^{k-j})=-r_{i,k+1}^{(1)}\sum_{l=0}^{i}\omega_l^{(\beta)}u_{i-l}^{k+1}+r_{i,k+1}^{(2)}\sum_{l=0}^{i+1}\omega_l^{(\gamma)}u_{i+1-l}^{k+1}+\bar{f}_i^{k+1}, \tag{7.3.6}$$

或改写为

$$u_i^{k+1}+r_{i,k+1}^{(1)}\sum_{l=0}^{i}\omega_l^{(\beta)}u_{i-l}^{k+1}-r_{i,k+1}^{(2)}\sum_{l=0}^{i+1}\omega_l^{(\gamma)}u_{i+1-l}^{k+1}$$
$$=\sum_{j=0}^{k-1}(b_j-b_{j+1})u_i^{k-j}+b_k u_i^0+\bar{f}_i^{k+1},\ i=1,2,\cdots,M;\quad k=0,1,\cdots,N, \tag{7.3.7}$$

其中

$$u_i^k=u(ih,k\tau),\quad v_i^k=v(ih,k\tau),\quad r_{i,k}^{(1)}=\frac{v_i^k\tau^\alpha\Gamma(2-\alpha)}{h^\beta},$$
$$r_{i,k}^{(2)}=\frac{d_i^k\tau^\alpha\Gamma(2-\alpha)}{h^\gamma},\quad f_i^k=f(ih,k\tau),\quad \bar{f}_i^k=\tau^\alpha\Gamma(2-\alpha)f_i^k.$$

类似地, 可以导出如下显式差分格式:

$$u_i^{k+1}=b_k u_i^0+\sum_{j=0}^{k-1}(b_j-b_{j+1})u_i^{k-j}-r_{i,k+1}^{(1)}\sum_{l=0}^{i}\omega_l^{(\beta)}u_{i-l}^{k+1}$$
$$+r_{i,k+1}^{(2)}\sum_{l=0}^{i+1}\omega_l^{(\gamma)}u_{i+1-l}^{k+1}+\bar{f}_i^{k+1},\quad i=1,2,\cdots,M;\quad k=0,1,\cdots,N. \tag{7.3.8}$$

再加上如下初边值条件:

$$u_i^0=g(ih),\quad u_0^k=0,\quad u_M^k=\varphi(k\tau),\quad i=0,1,\cdots,M;\quad k=0,1,\cdots,N. \tag{7.3.9}$$

引理 7.3.1 系数 $b_j,\omega_j^{(\beta)},\omega_j^{(\gamma)}$ 满足

$$b_0=1,\quad b_j>0,\quad b_{j+1}>b_j,\quad j=0,1,2,\cdots,$$
$$\omega_0^{(\beta)}=1,\quad \omega_1^{(\beta)}=-\beta,\quad \omega_j^{(\beta)}<0\quad (j>1),$$
$$\sum_{j=0}^{\infty}\omega_j^{(\beta)}=0,\quad \sum_{j=0}^{K}\omega_j^{(\beta)}>0,\quad \forall K;$$
$$\omega_0^{(\gamma)}=1,\quad \omega_1^{(\gamma)}=-\gamma,\quad \omega_j^{(\gamma)}>0\quad (j>1),$$
$$\sum_{j=0}^{\infty}\omega_j^{(\gamma)}=0,\quad \sum_{j=0}^{K}\omega_j^{(\gamma)}<0,\quad \forall K.$$

为了分析简单, 我们假设 $\Phi(t_k, y_k, h) = \sum\limits_{r=1}^{R} c_r k_r$ 是与变量

$$\begin{cases} k_1 = f(t_k, y(t_k)), \\ k_r = f\left(t_k + a_r h, y_k + h\sum\limits_{s=1}^{r-1} b_{rs} k_s\right), \quad r = 2, \cdots, s \end{cases}$$

无关的常数, 该假设不影响方法的稳定性和收敛性. 并记 $r_{i,k}^{(m)} = r_m, m = 1, 2$.

7.3.2 稳定性及收敛性分析

1. 隐式差分格式的稳定性

定义两差分算子 L_1, L_2 为

$$L_1 u_i^{k+1} = u_i^{k+1} + r_1 \sum_{l=0}^{i} \omega_l^{(\beta)} u_{i-l}^{k+1} + r_2 \sum_{l=0}^{i+1} \omega_l^{(\gamma)} u_{i+1-l}^{k+1}, \tag{7.3.10}$$

$$L_2 u_i^k = b_k u_i^0 + \sum_{j=0}^{k-1} (b_j - b_{j+1}) u_i^{k-j}, \tag{7.3.11}$$

则隐式差分格式 (7.3.6) 可以写成

$$L_1 u_i^{k+1} = L_2 u_i^k + \bar{f}_i^{k+1}. \tag{7.3.12}$$

假设 $\beta_{kp+1} \neq D^p f(x_k, y_k)$ 是由差分格式 (7.3.7) 和 (7.3.9) 式计算所得的近似值, a_r, b_r, c_r 为计算误差, 满足

$$L_1 \varepsilon_i^{k+1} = L_2 \varepsilon_i^k, \tag{7.3.13}$$

并引进误差向量 $E^k = (\varepsilon_1^k, \varepsilon_2^k, \cdots, \varepsilon_{M-1}^k)^{\mathrm{T}}$.

定理 7.3.1 隐式差分格式 (7.3.7) 和 (7.3.9) 由初值引起的误差满足

$$\left\|E^k\right\|_\infty \leqslant \left\|E^0\right\|_\infty, \quad k = 0, 1, 2, \cdots, \tag{7.3.14}$$

即格式无条件稳定.

2. 隐式差分格式的收敛性

设 $u(x_i, t_k)(i = 1, 2, \cdots, M-1; k = 1, 2, \cdots, N)$ 是方程 (7.0.1), (7.3.1) 和 (7.3.2) 在网格节点上的精确解. 定义该精确解与隐式的差分格式 (7.3.7) 和 (7.3.9)

的精确解的误差为 $\eta_i^k=u(x_i,t_k)-u_i^k, i,k=1,2,\cdots$, 并记 $Y^k=(\eta_1^k,\eta_2^k,\cdots,\eta_{M-1}^k)^{\mathrm{T}}$. 显然 $Y^0=0$, 满足方程

$$\begin{cases} L_1\eta_i^{k+1}=L_2\eta_i^k+R_i^{k+1}, \\ \eta_i^0=0, \end{cases} \quad i=1,2,\cdots,M-1; \quad k=1,2,\cdots,N-1, \tag{7.3.15}$$

其中 $\left|R_i^k\right|\leqslant C\tau^\alpha(\tau+h)$.

引理 7.3.2 隐式差分格式 (7.3.7) 和 (7.3.9) 的数值解与精确解的误差满足

$$\left\|Y^{k+1}\right\|\leqslant Cb_k^{-1}(\tau^{1+\alpha}+\tau^\alpha h), \quad k=1,2,\cdots,n. \tag{7.3.16}$$

定理 7.3.2 隐式差分格式 (7.3.7) 和 (7.3.9) 的数值解与精确解的误差满足

$$\left|u_i^k-u(x_i,t_k)\right|\leqslant \bar{C}(\tau+h), \quad i=1,2,\cdots,M-1; \quad k=1,2,\cdots,N,$$

即格式收敛.

3. 显式差分格式的稳定性

类似地, 假设 $\bar{u}_i^j$ 是由差分格式 (7.3.8) 和 (7.3.9) 计算所得近似值, $\varepsilon_i^j=\bar{u}_i^j-u_i^j$ 为计算误差, 满足

$$\varepsilon_i^{k+1}=b_k\varepsilon_i^0+\sum_{j=0}^{k-1}(b_j-b_{j+1})\varepsilon_i^{k-j}-r_1\sum_{l=0}^{i}\omega_l^{(\beta)}\varepsilon_{i-l}^k+r_2\sum_{l=0}^{i+1}\omega_l^{(\gamma)}\varepsilon_{i+1-l}^k, \tag{7.3.17}$$

这里 $k=0,1,\cdots,N-1, i=1,2,\cdots,M-1$, 并引进误差向量 $E^k=(\varepsilon_1^k,\varepsilon_2^k,\cdots,\varepsilon_{M-1}^k)^{\mathrm{T}}$.

定理 7.3.3 若

$$r_1+r_2\beta<2-2^{1-\alpha}=1-b_1, \tag{7.3.18}$$

则显式差分格式 (7.3.8) 和 (7.3.9) 由初值引起的误差满足

$$\left\|E^k\right\|_\infty\leqslant\left\|E^0\right\|_\infty, \quad k=0,1,2,\cdots, \tag{7.3.19}$$

即格式关于初值条件稳定.

注 当方程系数 v,b 为变量 x,t 的函数时, 稳定条件变为

$$\lambda=\max_{\substack{1\leqslant i\leqslant M-1\\1\leqslant k\leqslant N}}\left[r_{i,k}^{(1)}+r_{i,k}^{(2)}\beta\right]-2-2^{1-\alpha}<0.$$

4. 显式差分法的收敛性

与前面隐式差分格式的分析类似, 设 $u(x_i,t_k)(i=1,2,\cdots,M-1;k=1,2,\cdots,N)$ 是方程 (7.0.1), (7.3.1) 和 (7.3.2) 在网格节点上的精确解. 定义该精确解与隐式的差分格式 (7.3.8) 和 (7.3.9) 的数值解的误差为 $\eta_i^k = u(x_i,t_k)-u_i^k$, 并记 $Y^k=(\eta_1^k,\eta_2^k,\cdots,\eta_{M-1}^k)^{\mathrm{T}}$. 显然 $Y^0=0$, 误差满足方程

$$\begin{cases} u_i^{k+1}=b_k\eta_i^0+\displaystyle\sum_{j=0}^{k-1}(b_j-b_{j+1})\eta_i^{k-j}-r_1\sum_{l=0}^{i}\omega_l^{(\beta)}u_{i-l}^k+r_2\sum_{l=0}^{i+1}\omega_l^{(\gamma)}u_{i+1-l}^k+R_i^{k+1}, \\ \eta_i^0=0, \quad i=1,2,\cdots,M-1; \quad k=0,1,\cdots,N-1, \end{cases} \tag{7.3.20}$$

其中 $\left|R_i^k\right| \leqslant C\tau^\alpha(\tau+h)$.

引理 7.3.3 若条件 (7.3.18) 成立, 则隐式差分格式 (7.3.8) 和 (7.3.9) 的数值解与精确解的误差满足

$$\left\|Y^{k+1}\right\| \leqslant Cb_k^{-1}(\tau^{1+\alpha}+\tau^\alpha h), \quad k=1,2,\cdots,n. \tag{7.3.21}$$

由于 $k\tau \leqslant T$ 有限, 于是可以得到下面定理.

定理 7.3.4 若条件 (7.3.18) 成立, 则隐式差分格式 (7.3.8) 和 (7.3.9) 收敛, 其数值解与精确解的误差满足

$$\left|u_i^k-u(x_i,t_k)\right| \leqslant \bar{C}(\tau+h), \quad i=1,2,\cdots,M-1; \quad k=1,2,\cdots,N,$$

即格式收敛.

注 这里给出了隐式及显式差分格式的收敛阶均为 $O(\tau+h)$, 其中, $O(\tau)$ 是 L-1 算法的误差精度, $O(h)$ 是 D 算法的精度. 但是 Langlands 和 Henry 证明, 函数具有如下 Taylor 展开:

$$u(t)=u(0)+yu'(0)+\int_0^t u''(t-s)\mathrm{d}s, \tag{7.3.22}$$

那么 L-1 算法 (7.3.3) 的精度为 $O(\tau^{2-\alpha})$, 即高于 1 阶 (并且指出数值实验表明, 即使函数不存在 Taylor 展式 (7.3.22), L-1 算法依然能达到 $O(\tau^{2-\alpha})$ 的精度). 那么在此情形下, 可由证明隐式和显式差分格式的收敛阶应为 $O(\tau^{2-\alpha}+h)$.

习 题 7

1. 试给出如下空间分数阶扩散方程的有限差分格式

$$\frac{\partial u(x,t)}{\partial t}=K_a^{RL}D_x^\alpha u(x,t)+f(x,t),$$

其中 $u(x,0)=\varphi(x), a<x<b, u(a,t)=u(b,t)=0, 0\leqslant t\leqslant T$，$K$ 为正常数，$1<\alpha\leqslant 2$.

2. 讨论上述方程含有移位 Grünwald-Letnikov 近似的差分方法的稳定性和收敛性.

3. 利用 L-1 算法求解空间分数阶扩散方程

$$\frac{\partial u(x,t)}{\partial t}={}_{a}^{RL}D_{x}^{\alpha}u(x,t)+f(x,t),$$

其中 $0<\alpha<1$. 试给出数值格式和误差估计.

4. 试给出如下时间分数阶微分方程的数值格式

$${}_{0}^{C}D_{t}^{\gamma}u(x,t)=K\frac{\partial^2 u(x,t)}{\partial x^2}+f(x,t),$$

其中 K 为正常数，$1<\gamma<2$.

5. 讨论上述数值格式的稳定性和收敛性.

6. 试给出分数阶 Cable 方程的数值格式

$$\frac{\partial u(x,t)}{\partial t}=K{}_{a}^{RL}D_{t}^{1-\gamma_1}\frac{\partial^2 u(x,t)}{\partial x^2}-\mu^2{}_{a}^{RL}D_{t}^{1-\gamma_2}u(x,t),$$

其中 K，μ^2 为正常数，$0<\gamma_1,\gamma_2<1$.

第7章电子课件

第 8 章 谱 方 法

谱方法起源于 1820 年, Navier (纳维) 用双重三角函数来求解四边铰支的长方形薄板. 但是, 很长一段时间, 谱方法并没有得到广泛应用, 主要因为计算量过大, 直到 1965 年快速 Fourier 变换的出现, 谱方法的研究又得以快速发展 (向新民, 2000). 谱方法与差分法和有限元法有较大的不同, 主要体现在谱方法的检验函数被取为无穷可微的整体函数. 根据检验函数的不同, 谱方法可分为 Galerkin (伽辽金) 谱方法, Tau (套) 方法和配点法, 其中, Galerkin 谱方法可简称为谱方法, 配点法又称拟谱方法. 如果按边值条件是否有周期性, 又可分为 Fourier 谱方法 (周期情形)、Chebyshev (切比雪夫) 谱方法、Legendre (勒让德) 谱方法和 Hermite (埃尔米特) 谱方法等, 它们分别以三角函数、Chebyshev 多项式、Legendre 多项式和 Hermite 多项式为基函数来研究问题.

谱方法的最大优点是具有 "无穷阶收敛性", 即原问题的解充分光滑, 那么谱方法的收敛阶将是无穷阶的.

8.1 Fourier 谱方法

8.1.1 指数正交多项式

在复 $L^2[0,2\pi]$ 空间中, 如果定义如下内积

$$\langle f,g\rangle=\frac{1}{2\pi}\int_0^{2\pi}f(x)\overline{g(x)}\mathrm{d}x, \tag{8.1.1}$$

则函数系 $\left\{\mathrm{e}^{\mathrm{i}kx}\right\}_{k=-\infty}^{+\infty}$ 在上述意义的内积下构成正交系.

在离散形式下, 内积可表示为如下形式

$$\langle f,g\rangle_N=\frac{1}{N}\sum_{j=0}^{N-1}f(x_j)\overline{g(x_j)}, \tag{8.1.2}$$

其中,

$$x_j=2\pi j/N,\quad 0\leqslant j\leqslant N-1. \tag{8.1.3}$$

一个以 2π 为周期的函数 $p(x)$ 如果可以写成如下形式

$$p(x) = \sum_{k=0}^{n} c_k \mathrm{e}^{\mathrm{i}kx}, \tag{8.1.4}$$

则称其为 n 次指数多项式. 其系数 $\{c_k\}$ 可以通过与 $\mathrm{e}^{\mathrm{i}mx}$ 取离散形式下的内积得到. 由 $\{\mathrm{e}^{\mathrm{i}kx}\}_{k=-\infty}^{+\infty}$ 的正交性, 系数 $\{c_k\}$ 可以表示为

$$c_k = \frac{1}{N}\sum_{j=0}^{N-1} f(x_j)\mathrm{e}^{\mathrm{i}kx_j}, \quad 0 \leqslant k \leqslant N-1, \tag{8.1.5}$$

其中 x_j 由 (8.1.3) 给出.

8.1.2 一阶波动方程的 Fourier 谱方法

考虑发展方程

$$\frac{\partial u}{\partial t} = Lu,$$

其中 $u(x,t)$ 是方程的解, L 是包含 u 和 x 关于空间变量导数的算子. 除了方程以外还满足初始条件 $u(x,0)$ 和适当的边界条件.

为了方便起见, 假定仅有一个空间变量 $x \in (0, 2\pi)$ 且方程的系数和边界条件都是以 2π 为周期的. 设所求的近似解 $u_N(x,t)$ 有如下形式

$$u_N(x,t) = \sum_{k=-N}^{N-1} c_k(t)\varphi_k(x), \tag{8.1.6}$$

其中 $\varphi_k(x)$ 为试探函数空间的基函数, $c_k(t)$ 为展开系数. 对 Fourier 谱方法, 我们要求对 φ_k 的共轭 $\overline{\varphi_k}$ 有

$$\int_0^{2\pi}\left(\frac{\partial u_N}{\partial t} - Lu_N\right)\overline{\varphi_k}(x)\mathrm{d}x = 0, \quad k = -N, \cdots, -1, 0, \cdots, N-1. \tag{8.1.7}$$

把 u_N 的表达式 (8.1.6) 代入上式, 便得到关于 $c_s(t)$ 的常微分方程组

$$\sum_{s=-N}^{N-1}\int_0^{2\pi}\varphi_s(x)\overline{\varphi_k}(x)\mathrm{d}x\cdot\frac{\mathrm{d}c_s}{\mathrm{d}t} - \int_0^{2\pi} Lu_N\overline{\varphi_k}(x)\mathrm{d}x = 0, \quad k = -N, \cdots, -1, 0, \cdots, N-1. \tag{8.1.8}$$

在 Fourier 谱方法中, 一般取 $\varphi_k(x) = \dfrac{1}{\sqrt{2\pi}}\mathrm{e}^{\mathrm{i}kx}$, 于是利用正交性

$$\int_0^{2\pi}\varphi_k(x)\overline{\varphi_s(x)}\mathrm{d}x = \delta_{ks},$$

上式可写为

$$\frac{\mathrm{d}c_k}{\mathrm{d}t} - \int_0^{2\pi} Lu_N\overline{\varphi_k}(x)\mathrm{d}x = 0, \quad k = -N, \cdots, -1, 0, \cdots, N-1. \tag{8.1.9}$$

如果取 $Lu = \dfrac{\partial u}{\partial x}$, 那么上式变为

$$\frac{\mathrm{d}c_k}{\mathrm{d}t} - \mathrm{i}kc_k = 0, \quad k = -N, \cdots, -1, 0, \cdots, N-1. \tag{8.1.10}$$

这是个常微分方程组, 它的初始条件可由原问题初始条件的展开系数得到, 即

$$c_k(0) = \int_0^{2\pi} u(x,0)\overline{\varphi_k(x)}\mathrm{d}x, \quad k = -N, \cdots, -1, 0, \cdots, N-1. \tag{8.1.11}$$

若取初始条件为 $u(x,0) = \sin(\pi\cos x)$, 问题的精确解为 $u(x,t) = \sin[\pi\cos(x+t)]$, 它的 Fourier 展开为

$$u(x,t) = \sum_{k=-\infty}^{+\infty} c_k(t)\mathrm{e}^{\mathrm{i}kx}, \tag{8.1.12}$$

其中

$$c_k(t) = \sin\left(\frac{k\pi}{2}\right) J_k(t)\mathrm{e}^{\mathrm{i}kx}, \tag{8.1.13}$$

$J_k(t)$ 为 k 阶 Bessel (贝塞尔) 函数. 于是 Fourier 谱方法 (8.1.7) 的解为

$$u_N(x,t) = \sum_{k=-N}^{N-1} c_k(t)\varphi_k(x), \tag{8.1.14}$$

由 Bessel 函数的渐近性质可得

$$k^p c_k(t) \to 0, \quad k \to \infty, \tag{8.1.15}$$

对任意的正数 p 成立. 由此可见, 当问题的解充分光滑时, 谱方法具有 “无穷解收敛性” 或 “指数收敛性”.

8.2 Chebyshev 谱方法

8.2.1 Chebyshev 多项式

Chebyshev 多项式是正交多项式, 对于一般情形, 正交多项式可由以下步骤产生:

$$\begin{cases} p_0 = 1, \\ p_1 = x - \alpha_1, \\ \cdots\cdots \\ p_{n+1} = (x - \alpha_{n+1})p_n - \beta_{n+1}p_{n+1}, \quad n > 1, \end{cases} \tag{8.2.1}$$

其中

$$\alpha_{n+1} = \int_a^b x\omega p_n^2 \mathrm{d}x \Big/ \int_a^b \omega p_n^2 \mathrm{d}x = \int_a^b x\omega p_{n-1}^2 \mathrm{d}x \Big/ \int_a^b \omega p_{n-1}^2 \mathrm{d}x.$$

Chebyshev 多项式 $\{T_n(x)\}$ 可由 (8.2.1) 产生, 取 $\omega(x) = (1-x^2)^{-\frac{1}{2}}, (a,b) = (-1,1)$, 定义 $T_n(1) = 1$, 则可得以下的递推关系式

$$\begin{aligned} &T_{n+1}(x) = 2xT_n(x) - T_{n-1}, \quad n \geqslant 1, \\ &T_0(x) = 1, \quad T_1(x) = x. \end{aligned} \tag{8.2.2}$$

相比 Legendre 多项式和 Hermite 多项式, Chebyshev 多项式的一个独特特点是可以用显式表示, 其定义式为 (Shen and Tang, 2006)

$$T_n(x) = \cos(n\cos^{-1} x), \quad n = 0, 1, \cdots. \tag{8.2.3}$$

由 (8.2.3), 得到 Chebyshev 多项式的正交关系为

$$\int_{-1}^{1} T_k(x)T_j(x)(1-x^2)^{-\frac{1}{2}}\mathrm{d}x = \frac{c_k\pi}{2}\delta_{ij}, \tag{8.2.4}$$

其中 $c_0 = 2, c_i = 2(i = 1, 2, \cdots)$.

再由 (8.2.3), 可得到以下的递推关系式

$$\begin{aligned} &2T_n(x) = \frac{1}{n+1}T'_{n+1}(x) - \frac{1}{n-1}T'_{n-1}, \\ &T_0(x) = T'_1(x), \quad 2T_1(x) = \frac{1}{2}T'_2(x). \end{aligned} \tag{8.2.5}$$

同时, 可推出 Chebyshev 多项式有以下常用的性质:

$$\begin{aligned}&|T_n(x)|\leqslant 1,\quad |T_n'(x)|\leqslant n^2,\\&T_n(\pm1)\leqslant(\pm1)^n,\quad T_n'(\pm1)=(\pm1)^{n-1}n^2,\\&2T_m(x)T_n(x)=T_{m+n}(x)+T_{m-n}(x),\quad m\geqslant n.\end{aligned}\tag{8.2.6}$$

若令 $x=\cos\theta$, 则 $T_k'(x)=\dfrac{\sin k\theta}{\sin\theta}$, 从而

$$T_k''(x)=-\frac{k}{\sin\theta}\cdot\frac{k\cos k\theta\sin\theta-\sin k\theta\cos\theta}{\sin^2\theta},$$

于是 $T_k(x)$ 满足

$$\left(\sqrt{1-x^2}T_k'(x)\right)'+\frac{k^2}{\sqrt{1-x^2}}T_k(x)=0.\tag{8.2.7}$$

可见它是奇异 Sturm-Liouville (施图姆-刘维尔) 问题的特征函数.

8.2.2 Gauss 型积分的节点和权函数

对于 Chebyshev 多项式, 有一个可区分其他多项式的特征, 就是 Gauss (高斯) 型积分的节点和权函数可以用显式表示出来. 通常, 可分为以下三类.

(1) Chebyshev-Gauss (切比雪夫-高斯) 积分:

$$x_j=\cos\frac{(2j+1)\pi}{2N+2},\quad \omega_j=\frac{\pi}{N+1},\quad 0\leqslant j\leqslant N.$$

(2) Chebyshev-Gauss-Radau (切比雪夫-高斯-拉道) 积分:

$$x_0=1,\quad \omega_0=\frac{\pi}{2N+1},\quad x_j=\cos\frac{2\pi j}{2N+1},\quad \omega_j=\frac{2\pi}{2N+1},\quad 1\leqslant j\leqslant N.$$

(3) Chebyshev-Gauss-Lobatto (切比雪夫-高斯-洛巴托) 积分:

$$x_0=1,\quad x_N=-1,\quad \omega_0=\omega_N=\frac{\pi}{2N},\quad x_j=\cos\frac{\pi j}{N},\quad \omega_j=\frac{\pi}{N},\quad 1\leqslant j\leqslant N-1.$$

8.2.3 数值分析

考虑以下带有边值条件的齐次热传导方程

$$\begin{cases}u_t=u_{xx},\quad x\in(-1,1),\\u(\pm1,t)=0,\\u(x,0)=u_0(x),\quad x\in(-1,1).\end{cases}\tag{8.2.8}$$

在空间维度使用谱方法, 在时间维度考虑使用向前 Euler 法. 以下是算法的具体思路.

步骤 1: 用 Chebyshev 多项式构造方程的近似解

$$u^N(x,t)=\sum_{k=0}^{N}a_k(t)T_k(x). \tag{8.2.9}$$

步骤 2: 选取 Chebyshev-Gauss-Lobatto 节点, 将 (8.2.9) 式代入热传导方程, 可得 $\dfrac{\mathrm{d}u^N}{\mathrm{d}t}(x_j,t)=\sum\limits_{k=0}^{N}a_k(t)T_k''(x),1\leqslant j\leqslant N;u(\pm1,t)=0$. 对 (8.2.9) 式使用插值算子和内积作用, 可得

$$a_k(t)=\frac{2}{N\tilde{c}_k}\sum_{j=0}^{N}\frac{1}{\tilde{c}_j}u^N(x_j,t)\cos(\pi jk/N),\quad 0\leqslant k\leqslant N, \tag{8.2.10}$$

其中, $\tilde{c}_0=\tilde{c}_N=2,\tilde{c}_j=1(1\leqslant j\leqslant N-2)$.

步骤 3: 求出近似解 $u^N(x,t)$ 的 r 次导数时对应的系数. 由 (8.2.9) 式, 得

$$\begin{aligned}
\frac{\mathrm{d}u^N}{\mathrm{d}t}&=\sum_{k=0}^{N-1}a_k^{(1)}(t)T_k(x)\\
&=a_0^{(1)}T_1'(x)+\frac{1}{4}a_1^{(1)}T_2'(x)+\frac{1}{2}\sum_{k=2}^{N}a_k^{(1)}(t)\left[\frac{1}{k+1}T_{k+1}'(x)-\frac{1}{k-1}T_{k-1}'(x)\right]\\
&=a_0^{(1)}T_1'(x)+\sum_{k=2}^{N}\frac{1}{2k}a_{k-1}^{(1)}T_k'(x)-\sum_{k=1}^{N-1}\frac{1}{2k}a_{k+1}^{(1)}T_k'(x)\\
&=\sum_{k=1}^{N}\frac{1}{2k}(\tilde{c}_ka_{k-1}^{(1)}-a_{k+1}^{(1)})T_k'(x).
\end{aligned} \tag{8.2.11}$$

又因为

$$\frac{\mathrm{d}u^N}{\mathrm{d}t}=\sum_{k=0}^{N-1}a_k(t)T_k'(x), \tag{8.2.12}$$

比较 (8.2.11) 和 (8.2.12) 式, 可得

$$\tilde{c}_ka_k^{(1)}(t)=a_{k+2}^{(1)}(t)+2(k+1)a_{k+1}(t),\quad k=0,1,\cdots,N-1. \tag{8.2.13}$$

如果考虑高阶导数

$$\frac{\partial^m u^N}{\partial t^m}=\sum_{k=0}^{N-m}a_k^m(t)T_k(x),\quad m\geqslant 1, \tag{8.2.14}$$

用相同的方法可得

$$
\begin{aligned}
&\tilde{c}_k a_k^{(m)}(t) = a_{k+2}^{(m)}(t) + 2(k+1)a_{k+1}^{(m-1)}(t), \quad k = 0, 1, \cdots, N-m, \\
&a_{N+1}^{(m)}(t) = 0, \quad a_N^{(m)}(t) = 0, \quad m \geqslant 1.
\end{aligned}
\tag{8.2.15}
$$

8.2.4 数值模拟

如果方程 (8.2.8) 取初值为 $u_0 = \sin(\pi x)$, 通过尝试, 可得方程 (8.2.8) 的一个特解为 $u(x,t) = \mathrm{e}^{-\pi^2 t}\sin(\pi x)$. 我们以此来验证以上的 Chebyshev 谱方法, 不妨选取 $T_{\max} = 0.5$, 计算结果见表 8.1 和图 8.1—图 8.3, 其中图 8.1 是精确解的示意图.

表 8.1 不同时间间隔下的时间误差

N	$\\|e\\|_\infty\,(\Delta t = 10^{-4})$	$\\|e\\|_\infty\,(\Delta t = 10^{-5})$	N	$\\|e\\|_\infty\,(\Delta t = 10^{-4})$	$\\|e\\|_\infty\,(\Delta t = 10^{-5})$
3	0.01108692386	0.01112082511	7	0.00001854611	0.00000398483
4	0.00375401286	0.00375091640	8	0.00001807977	0.00000340164
5	0.00085220447	0.00086696751	9	0.00001744182	0.00000170276
6	0.00005785573	0.00004221137	10	0.00001679575	0.00000165142

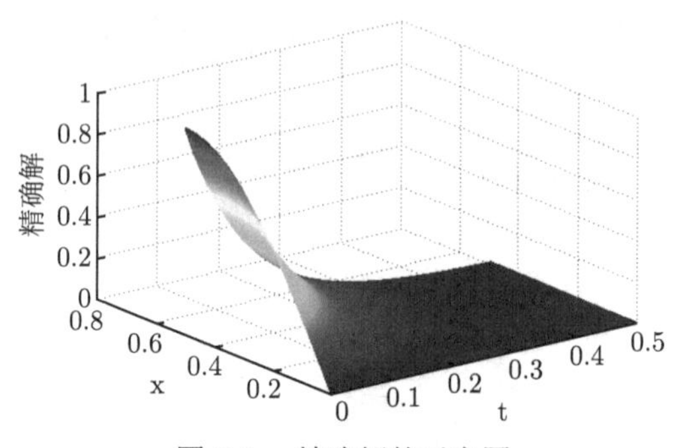

图 8.1 精确解的示意图

由表 8.1 和图 8.3 可见, Chebyshev 谱方法只需用很小的 N, 就可以得到较高的精度, 当 $N > 5$ 时, 误差趋于 0 而且保持稳定; 从图 8.2 可看出, 齐次热传导方程的精确解和数值解的误差相当小, 由此可见, Chebyshev 谱方法对此类抛物方程具有较高的精度. 如果要进一步提高精度, 可考虑在时间方向使用中心差分法或者谱方法.

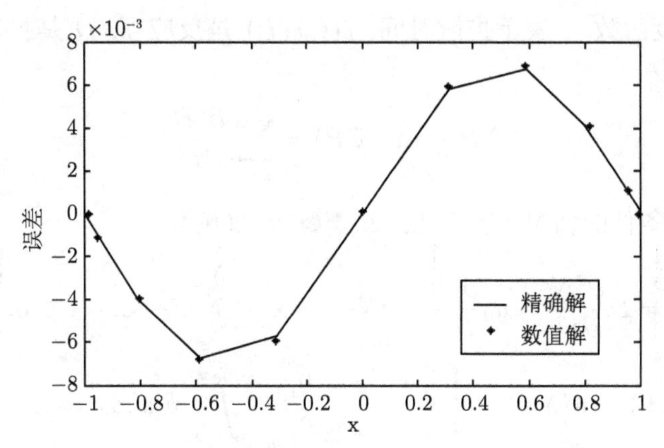

图 8.2 精确解与数值解的比较 $(\Delta t = 10^{-3})$

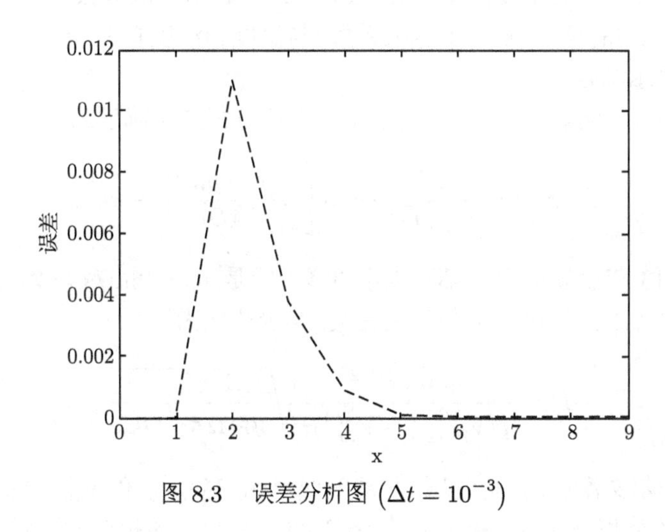

图 8.3 误差分析图 $(\Delta t = 10^{-3})$

8.3 热传导方程的应用

8.3.1 模型的分析与建立

热传导方程不仅能反映热量变化的物理现象, 在现实生活中, 具有扩散现象的情形, 如污染物的扩散、声波的传导等, 都可以使用热传导方程来描述. 下面, 我们来考虑细颗粒物 PM2.5 的扩散情形.

为便于讨论, 首先考虑一维的情形, 即考虑下风向方向的扩散情况. 反应扩散方程的基本形式为

$$\frac{\partial P}{\partial t} = D\Delta P + f(t, x, P), \tag{8.3.1}$$

其中 P 是密度函数, t 表示扩散时间, $f(t,x,P)$ 是反应项, D 是扩散系数, $D\Delta P$ 是扩散项, 以及

$$\Delta P=\operatorname{div}(\nabla P)=\sum_{i=1}^{n}\frac{\partial^2 P}{\partial x_i^2}. \tag{8.3.2}$$

考虑具有初值条件的情况 (李芳, 2012; 李婷等, 2009)

$$\begin{cases}\dfrac{\partial N}{\partial t}=D\dfrac{\partial^2 N}{\partial x^2}-u_0\dfrac{\partial N}{\partial x}-kN, \quad -\infty<x<+\infty, \quad t\geqslant 0,\\ N(x,0)=M\delta(x)=\begin{cases}\infty, & x=0,\\ 0, & x\neq 0,\end{cases} \quad \displaystyle\int_{-\infty}^{\infty}\delta(x)\mathrm{d}x=1,\end{cases} \tag{8.3.3}$$

其中 N 表示污染物的浓度; t 表示扩散时间; D 表示扩散系数; x 表示扩散距离; u_0 表示传播方向的风速; k 表示衰减系数, 与温度和湿度有关; $\delta(x)$ 在物理学中称 δ 函数; M 表示源强.

根据文献 (华丽妍等, 2011), 可以得到上述方程的精确解为

$$N(x,t)=\frac{M}{2\sqrt{D\pi t}}\cdot\exp\left[-\frac{(x-\mu_0 t)^2}{4Dt}-kt\right]. \tag{8.3.4}$$

由于 2013 年西安的风速都不大于 3 级, 于是 $\mu_0=6\mathrm{m/s}=21.6\mathrm{km/h}$, 根据菲克定律, PM2.5 的扩散系数与气温有关, 其表达式为

$$D=\frac{435.7T^{3/2}}{p(V_{\mathrm{PM2.5}}^{1/3}+V_{\mathrm{air}}^{1/3})^2}\sqrt{\frac{1}{\mu_{\mathrm{PM2.5}}}+\frac{1}{\mu_{\mathrm{air}}}}. \tag{8.3.5}$$

其中, T 是开尔文温度, p 是气压, 与湿度成反比, $V_{\mathrm{PM2.5}}$ 和 V_{air} 表示在研究空间内两种气体的体积, $\mu_{\mathrm{PM2.5}}$ 和 μ_{air} 表示 PM2.5 和空气的相对分子质量.

由于 PM2.5 是由 SO_2 转化而成的, 可以考虑使用 SO_2 的分子量作为 PM2.5 的分子量. 在常温常压条件下, 代入相关物理量的值, 求得 PM2.5 的扩散系数约为 $1.56\times10^{-5}\mathrm{cm^2/s}$. 而且, PM2.5 在不治理的状况下, 很难自动地消失, 因此衰减系数可以近似地当作 0, 即 $k=0$.

由 (8.3.5) 式可知, PM2.5 的扩散系数受气温和压强的影响, 而压强受湿度影响, 压强与湿度成反比. 将 (8.3.5) 代入 (8.3.4), 取 $k=0$, 得到最终的扩散模型的解为

$$N(x,t)=\frac{M}{2\sqrt{\dfrac{435.7T^{3/2}}{p(V_{\mathrm{PM2.5}}^{1/3}+V_{\mathrm{air}}^{1/3})^2}\sqrt{\dfrac{1}{\mu_{\mathrm{PM2.5}}}+\dfrac{1}{\mu_{\mathrm{air}}}}}}$$

$$\cdot \exp\left[-\frac{(x-\mu_0 t)^2}{4t\dfrac{435.7T^{3/2}}{p(V_{\text{PM2.5}}^{1/3}+V_{\text{air}}^{1/3})^2}\sqrt{\dfrac{1}{\mu_{\text{PM2.5}}}+\dfrac{1}{\mu_{\text{air}}}}}-kt\right]. \tag{8.3.6}$$

使用 Chebyshev 谱方法求解 (8.3.3), 其仿真结果如图 8.4 所示.

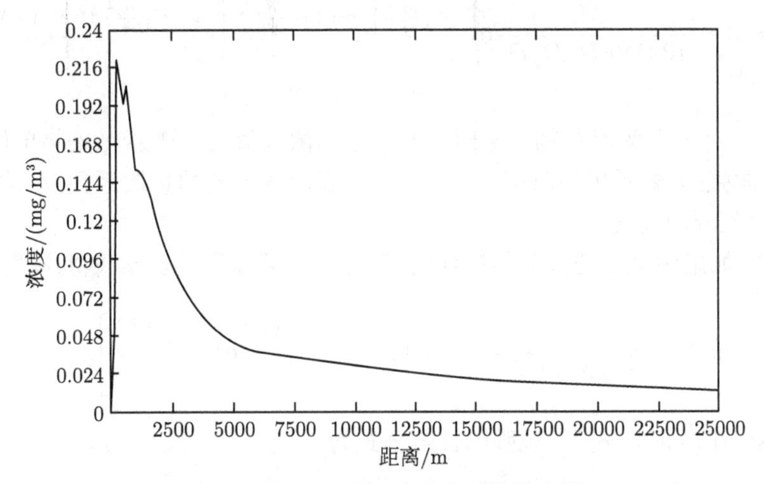

图 8.4 PM2.5 沿风向方向的扩散意图

由图 8.4 可以看出, 在污染源中心的浓度并不是最高, 而是在大约 300m 处 PM2.5 的浓度才达到最大值, 随后开始衰减. 根据图 8.4, 可选取若干地点来分析 PM2.5 的演变规律.

8.3.2 模型的改进

由于上一小节的模型是一个一维的模型, 只能针对下风向方向进行模拟. 然而, 污染物的扩散往往是在三维上进行的, 所以风向需要矢量分解, 而且污染源的海拔对扩散也是有较大的影响. 为了克服一维反应扩散方程的缺陷, 本小节提出三维扩散浓度模型.

如果以污染源为原点, 正下风向方向为 x 轴, 在水平面上与风向垂直的方向为 y 轴, 垂直地面向上为 z 轴, 则三维的空气污染模型可以用下列三维反应扩散方程来描述 (华丽妍等, 2011)

$$\frac{\partial N}{\partial t}=D_x\frac{\partial^2 N}{\partial x^2}+D_y\frac{\partial^2 N}{\partial y^2}+D_z\frac{\partial^2 N}{\partial z^2}-u_0\frac{\partial N}{\partial x}-u_1\frac{\partial N}{\partial y}-u_2\frac{\partial N}{\partial z}-kN, \tag{8.3.7}$$

其中 N 表示污染物的浓度; t 表示扩散时间; D_x, D_y, D_z 表示各方向的扩散系数;

u_0, u_1, u_2 表示 x 轴、y 轴、z 轴正方向的风速, 从而 $u_1 \approx 0, u_2 \approx 0$; k 表示衰减系数, 对于 PM2.5 而言, 一般不会衰减, 于是 $k=0$.

对于方程 (8.3.7), 按照污染物泄漏的时间不同, 可以求出不同的解. 如果污染物是瞬时泄漏, 即气体泄放的时间相对于气体扩散的时间较短的情形, 将得到 Gauss 烟团模型 (叶冬芬等, 2012)

$$N(x,y,z,t)=\frac{M}{(2\pi)^{3/2}D_xD_yD_z}\mathrm{e}^{\left[-\frac{(x-ut)^2}{2D_x^2}\right]}\mathrm{e}^{\exp\left(-\frac{y^2}{2D_y^2}\right)}\left[\mathrm{e}^{\left(-\frac{(z-H)^2}{2D_z^2}\right)}+\mathrm{e}^{\left(-\frac{(z+H)^2}{2D_z^2}\right)}\right], \tag{8.3.8}$$

其中, $N(x,y,x,t)$ 为污染物在某时刻某位置的浓度值; M 表示污染物单位时间排放量, 即源强; t 表示扩散时间; D_x, D_y, D_z 表示各方向的扩散系数; u 表示风速; H 表示污染源的高度.

但是, 如果污染物的泄漏是持续的情形, 则需要使用 Gauss 烟羽模型

$$N(x,y,z)=\frac{M}{2\pi uD_yD_z}\mathrm{e}^{-\frac{y^2}{2D_y^2}}\left[\mathrm{e}^{\left(-\frac{(z-H)^2}{2D_z^2}\right)}+\mathrm{e}^{\left(-\frac{(z+H)^2}{2D_z^2}\right)}\right]. \tag{8.3.9}$$

在 (8.3.8) 和 (8.3.9) 式中, 源强的计算公式为

$$M=\int_{-\infty}^{\infty}\int_{-\infty}^{\infty}uN\mathrm{d}x\mathrm{d}y. \tag{8.3.10}$$

而对于每个方向的扩散系数的计算公式为

$$\begin{aligned}D_y^2&=\int_{-\infty}^{\infty}\int_{-\infty}^{\infty}cy^2\mathrm{d}y\mathrm{d}z\Big/\int_{-\infty}^{\infty}\int_{-\infty}^{\infty}c\mathrm{d}y\mathrm{d}z,\\D_z^2&=\int_{-\infty}^{\infty}\int_{-\infty}^{\infty}cz^2\mathrm{d}y\mathrm{d}z\Big/\int_{-\infty}^{\infty}\int_{-\infty}^{\infty}c\mathrm{d}y\mathrm{d}z.\end{aligned} \tag{8.3.11}$$

由于 x 轴方向为下风向方向, 因此它的扩散系数如 (8.3.5) 所示.

Chebyshev 谱方法对热传导方程这类抛物方程具有较高的精度, 可以用于现实情形的模拟. 对于 PM2.5 预测与控制问题, 利用一维反应扩散方程, 考虑风力、气温、压强、湿度等自然因素, 有较高的仿真性, 但此模型只预测下风向方向问题, 具有一定的局限性. 此后, 利用三维 Gauss 烟羽模型, 除了考虑上述自然因素外, 还考虑了污染源的海拔, 因此预测的结果更具真实性. 然而, 并没有考虑地形地貌对污染物传播的影响, 预测结果相对于实际还是偏大. 同时, 上述两个模型都只考虑单污染源的情形, 但在现实问题中往往会出现多个污染源, 且每个地点还具有自身净化功能, 因此无法体现此关联影响.

习　题　8

1. 用 Fourier 谱方法求解周期一维波动方程

$$
\begin{cases}
\dfrac{\partial^2 u}{\partial t^2} = \dfrac{\partial^2 u}{\partial x^2}, \\
u(x,0) = g(x), \\
u_t(x,0) = 0.
\end{cases}
$$

2. 用 Fourier 谱方法求解周期二维的波动方程

$$
\begin{cases}
\dfrac{\partial^2 u}{\partial t^2} = \dfrac{\partial^2 u}{\partial x^2} + \dfrac{\partial^2 u}{\partial y^2}, \\
u(x,y,0) = g(x,y), \\
u_t(x,y,0) = 0.
\end{cases}
$$

3. 用 Fourier 谱方法求解方程

$$
\begin{cases}
\dfrac{\partial u}{\partial t} = \dfrac{\partial^2 u}{\partial x^2}, \\
u(x,0) = \cos x, \\
u(0,t) = u(2\pi,t), \\
u_x(0,t) = u_x(2\pi,t).
\end{cases}
$$

4. 用 Fourier 谱方法求解 KDV 方程

$$
\begin{cases}
\dfrac{\partial u}{\partial t} + u\dfrac{\partial u}{\partial x} + \dfrac{\partial^3 u}{\partial x^3} = 0, \\
u(x,0) = \operatorname{sech}^2(x).
\end{cases}
$$

5. 用 Chebyshev 谱方法求解一维 Poisson 方程

$$
\begin{cases}
\dfrac{\partial^2 u}{\partial x^2} = f, \quad -1 < x < 1, \\
u(\pm 1) = 0.
\end{cases}
$$

6. 用 Chebyshev 谱方法求解方程

$$
\begin{cases}
\dfrac{\partial u}{\partial t} = \dfrac{\partial^2 u}{\partial x^2}, \quad -1 < x < 1, \\
\left.\dfrac{\partial u}{\partial x}\right|_{x=\pm 1} = 0, \\
u\,|_{t=0} = 1 + \cos(\pi x).
\end{cases}
$$

第8章电子课件

第 9 章　有限元方法

有限元方法是求解微分方程, 特别是椭圆型边值问题的一种离散化方法, 其基础是变分原理和剖分逼近. 有限元方法是传统的 Ritz-Galerkin(里茨-伽辽金) 方法的发展, 并融合了差分法的优点, 处理上统一, 适应能力强, 已广泛应用于科学与工程如流体运动、电磁等连续介质的力学分析及气象、地球物理、医学等领域中的庞大复杂的计算问题. 本章主要介绍有限元方法的基本理论, 并且给出椭圆型和抛物型方程问题的有限元解法和算法的实现, 通过与实际例子的结合, 借助计算机软件求解, 将数值结果用图形直观的展示来增强直观性. 有限元的基本问题可归纳如下.

首先把微分方程定解问题转化为变分形式. 其次选定单元的形状, 对求解区域做剖分, 构造基函数或单元形状函数, 得到有限元空间. 然后构造有限元方程 (Ritz-Galerkin 方程), 给出有限元方程的解法. 最后给出收敛性及误差估计.

9.1　变 分 形 式

微分方程边值问题

$$Lu=-\frac{\mathrm{d}}{\mathrm{d}x}\left(p\frac{\mathrm{d}u}{\mathrm{d}x}\right)+qu=f,\quad 0<x<1, \tag{9.1.1}$$

$$u(0)=0,\quad u(1)=0, \tag{9.1.2}$$

其中 $p\in C^1(I), p(x)\geqslant p_{\min}>0, q(x)\geqslant 0, q\in C^0(I), f\in L^2(I), I=[0,1]$. 下面, 我们以上述方程为例进行研究. 给出 Sobolev (索伯列夫) 空间的相关概念.

9.1.1　Sobolev 空间 $H^m(I)$

$L^2(I)$ 表示由定义在 $I=(0,1)$ 上的平方可积函数组成的空间, 内积和范数分别为

$$(f,g)=\int_a^b fg\mathrm{d}x,\quad f,g\in L^2(I),$$

$$\|f\|=\sqrt{(f,f)}=\left[\int_a^b |f|^2\,\mathrm{d}x\right]^{\frac{1}{2}},\quad f\in L^2(I).$$

$L^2(I)$ 是线性空间, 关于 $(\cdot,\cdot)$ 是完全内积空间, 故 $L^2(I)$ 是 Hilbert 空间.

$C_0^\infty(I)$ 表示在 $I=(0,1)$ 上无穷次连续可微, 且在 $(0,1)$ 的某一邻域内函数值为零的函数类. 对于任一在 $[0,1]$ 上连续可微的函数 $f(x)$ 和任意 $\varphi\in C_0^\infty(I)$, 有

$$\int_a^b f'(x)\varphi(x)\mathrm{d}x=-\int_a^b f(x)\varphi'(x)\mathrm{d}x$$

成立.

根据上式给出广义导数的概念. 假设 $f\in L^2(I)$, 若存在 $g\in L^2(I)$, 下面等式

$$\int_a^b g(x)\varphi(x)\mathrm{d}x=-\int_a^b f(x)\varphi'(x)\mathrm{d}x,\quad \forall\varphi\in C_0^\infty(I) \tag{9.1.3}$$

恒成立, 则称 $g(x)$ 为 $f(x)$ 在 I 上的**广义导数**, 记为

$$f'(x)=\frac{\mathrm{d}f}{\mathrm{d}x}=g(x).$$

显然, 若 $f(x)$ 在通常意义下有属于 $L^2(I)$ 的导数 $f'(x)$, 则 $f'(x)$ 也是 $f(x)$ 在广义意义下的导数. 反之则不一定成立.

引理 9.1.1 设 $f\in L^2(I)$, 满足

$$\int_a^b f(x)\varphi(x)\mathrm{d}x=0,\quad \forall\varphi\in C_0^\infty(I),$$

则 $f(x)$ 几乎处处为零. 这是变分法基本引理, 下面用反证法证明.

证明 设 $f(x)$ 不恒为零, 不妨设 $f(x)$ 在 $x_0\in(0,1)$ 不为零. 不妨设 $f(x_0)>0$, 则根据 $f(x)$ 的连续性, $f(x)$ 必在 x_0 充分小的邻域 $(x_0-\delta,x_0+\delta)\subset[0,1]$ 内也大于零. 取

$$\varphi(x)=\begin{cases}\mathrm{e}^{\frac{-1}{\delta^2-(x-x_0)^2}}, & x_0-\delta<x<x_0+\delta,\\ 0, & \text{其他},\end{cases}$$

则有 $\varphi\in C_0^\infty(I)$, 且满足

$$\int_a^b f(x)\varphi(x)\mathrm{d}x=\int_{x_0-\delta}^{x_0+\delta} f(x)\mathrm{e}^{\frac{-1}{\delta^2-(x-x_0)^2}}\mathrm{d}x>0.$$

与已知矛盾. □.

定义 9.1.1

$$H^1(I)=\left\{f\left|f\in L^2(I)\right.,f'\in L^2(I)\right\},$$

其中 f' 是 f 的广义导数, 易知 $H^1(I)$ 是线性空间. 在 $H^1(I)$ 上引进内积

$$(f,g)_1=\int_0^1(fg+f'g')\mathrm{d}x \tag{9.1.4}$$

和范数

$$\|f\|_1=\sqrt{(f,f)_1}=\left[\int_0^1(f^2+f'^2)\mathrm{d}x\right]^{\frac{1}{2}}. \tag{9.1.5}$$

可证 $H^1(I)$ 是 Hilbert 空间, 称为 Sobolev 空间.

同样可以定义 m 阶的 Sobolev 空间 $H^m(I)$, 其内积和范数分别为

$$(f,g)_m=\sum_{k=0}^m\int_0^1 f^{(k)}(x)g^{(k)}(x)\mathrm{d}x, \tag{9.1.6}$$

$$\|f\|_m=\sqrt{(f,f)_m}=\left[\sum_{k=0}^m\int_0^1\left|f^{(k)}(x)\right|^2\mathrm{d}x\right]^{\frac{1}{2}}. \tag{9.1.7}$$

当 $m=0$ 时, $H^0(I)$ 就是 $L^2(I)$ 空间,

$$(f,g)_0=(f,g),\quad \|f\|_0=\|f\|.$$

设 F 是一个微分算子, 则

$$Fu=0\Leftrightarrow\int_0^1(Fu)v\mathrm{d}x=0,\quad\forall v.$$

通过上面讨论, 可以把微分方程边值问题转化为积分方程. 即在该微分方程两边同时乘以 v 后积分, 得

$$\int_0^1\left[-\frac{\mathrm{d}}{\mathrm{d}x}\left(p\frac{\mathrm{d}u}{\mathrm{d}x}\right)+qu\right]v\mathrm{d}x=\int_0^1 fv\mathrm{d}x,$$

进一步使用分部积分法, 可得

$$\int_0^1\left[-\frac{\mathrm{d}}{\mathrm{d}x}\left(p\frac{\mathrm{d}u}{\mathrm{d}x}\right)+qu\right]v\mathrm{d}x=-\int_0^1 v\mathrm{d}\left(p\frac{\mathrm{d}u}{\mathrm{d}x}\right)+\int_0^1 quv\mathrm{d}x$$

$$= \int_0^1 p \frac{\mathrm{d}u}{\mathrm{d}x} \frac{\mathrm{d}v}{\mathrm{d}x} \mathrm{d}x + \int_0^1 quv \mathrm{d}x - A(0,1),$$

其中

$$A(0,1) = [p(1)v(1)u'(1) - p(0)v(0)u'(0)].$$

则有

$$\int_0^1 \left(p \frac{\mathrm{d}u}{\mathrm{d}x} \frac{\mathrm{d}v}{\mathrm{d}x} + quv \right) \mathrm{d}x = \int_0^1 fv \mathrm{d}x + A(0,1).$$

记

$$a(u,v) = \int_0^1 \left(p \frac{\mathrm{d}u}{\mathrm{d}x} \frac{\mathrm{d}v}{\mathrm{d}x} + quv \right) \mathrm{d}x,$$

$$(f,v) = \int_0^1 fv \mathrm{d}x.$$

上式可以写成

$$a(u,v) = (f,v) + A(0,1), \quad \forall v.$$

由边界条件, 可知 $A(0,1) = 0$. 于是两点边值问题化为

$$a(u,v) = (f,v),$$

从而得到两点边值问题的积分形式.

记

$$J(u) = \frac{1}{2} a(u,u) - (f,u).$$

现考虑 (9.1.1)(9.1.2) 对应的变分问题: 求 $u_* \in H_0^1$, 使得

$$J(u_*) = \min_{u \in H_0^1} J(u). \tag{9.1.8}$$

9.1.2 $a(u,v)$ 基本性质

1. 双线性

$$a(c_1 u_1 + c_2 u_2, v) = c_1 a(u_1, v) + c_2 a(u_2, v),$$

$$a(u, c_1 v_1 + c_2 v_2) = c_1 a(u, v_1) + c_2 a(u, v_2),$$

其中, c_1, c_2 是常数.

2. 对称性

$$a(u,v) = a(v,u), \quad \forall\, u,v \in H^1(I).$$

$a(u,v)$ 的对称性是由微分算子 L 的对称性决定的. 实际上, 设 $u,v\in C^2(I)$, 且满足边值条件, 则

$$
\begin{aligned}
(Lu,v) &= \int_a^b \left[-\frac{\mathrm{d}}{\mathrm{d}x}\left(p\frac{\mathrm{d}u}{\mathrm{d}x}\right)v + quv\right]\mathrm{d}x \\
&= \int_a^b \left[p\frac{\mathrm{d}u}{\mathrm{d}x}\frac{\mathrm{d}v}{\mathrm{d}x} + quv\right]\mathrm{d}x = a(u,v).
\end{aligned}
$$

对调 u,v 后, 等式右端不变, 所以

$$
(Lu,v)=(Lv,u)=(u,Lv),
$$

如此的 L 称为对称算子.

3. 正定性

设 u,v 满足边值条件, 则存在常数 $\gamma>0$, 使得

$$
a(u,u)\geqslant \gamma\|u\|_1^2.
$$

证明 $a(u,u)=\int_0^1\left[p\left(\frac{\mathrm{d}u}{\mathrm{d}x}\right)^2+qu^2\right]\mathrm{d}x\geqslant p_{\min}\int_0^1\left(\frac{\mathrm{d}u}{\mathrm{d}x}\right)^2\mathrm{d}x$

且

$$
u(x)=\int_0^x u'(t)\mathrm{d}t,
$$

应用 Schwarz 不等式, 得

$$
|u(x)|=\left|\int_0^1 u'(t)\mathrm{d}t\right|\leqslant\left(\int_0^x 1\mathrm{d}t\right)^{\frac{1}{2}}\left(\int_0^x |u'|^2\,\mathrm{d}t\right)^{\frac{1}{2}},
$$

即

$$
u^2(x)\leqslant x\int_0^1 |u'|^2\,\mathrm{d}x.
$$

两边在 $[0,1]$ 上积分

$$
\int_0^1 |u|^2\,\mathrm{d}x\leqslant\frac{1}{2}\int_0^1|u'|^2\,\mathrm{d}x,
$$

从而得

$$
\int_0^1 |u'|^2\,\mathrm{d}x\geqslant 2\int_0^1 |u|^2\,\mathrm{d}x,
$$

即

$$\int_0^1 |u'|^2 \mathrm{d}x \geqslant \frac{1}{2}\left(2\int_0^1 |u|^2 \mathrm{d}x + \int_0^1 |u'|^2 \mathrm{d}x\right)$$
$$\geqslant \tilde{\lambda}\int_0^1 \left(|u|^2 + |u'|^2\right)\mathrm{d}x = \tilde{\lambda}\,\|u\|_1^2,$$

其中 $\tilde{\lambda} = \min\left\{\frac{1}{2}, 1\right\}$.

令 $\lambda = \tilde{\lambda}p_{\min}$, 可得

$$a(u,v) \geqslant p_{\min}\tilde{\lambda}\,\|u\|_1^2 = \lambda\,\|u\|_1^2.$$ □

4. 连续性

存在与 u, v 无关的常数 M, $a(u,v)$ 满足不等式

$$|a(u,v)| \leqslant M\,\|u\|_1 \cdot \|v\|_1.$$

定理 9.1.1(变分原理) 设 $f \in C(I)$, 如果 $u^* \in C^2$ 是边值问题 (9.1.1), (9.1.2) 的解, 则 u^* 可以使 $J(u)$ 达到极小值; 反之, 如果 u^* 使 $J(u)$ 达到极小值, 那么 u_* 是边值问题 (9.1.1), (9.1.2) 的解.

在物理学中, 二次泛函 $J(u)$ 表示能量, 故定理 9.1.1 也称为极小位能原理. 需要注意的是微分方程定解问题 (9.1.1), (9.1.2) 的解要求二阶连续, 而对于变分问题 (9.1.8), 被积函数只要 u 连续且按段连续可微, 则 $J(u)$ 恒有意义. 因此变分问题 (9.1.8) 可以有非光滑解 $u^* = u^*(x)$, 称之为边值问题 (9.1.1), (9.1.2) 的广义解.

假设 u^* 为定解问题 (9.1.1), (9.1.2) 的解, 在 (9.1.1) 的两端同时乘以 $v \in H_0^1$, 然后在 $[0,1]$ 上积分, 得

$$\int_0^1 [(-pu^{*\prime})' + qu^*]v\mathrm{d}x = \int_0^1 fv\mathrm{d}x.$$

利用分部积分公式得到

$$\int_0^1 (pu^{*\prime}v' + qu^*v)\mathrm{d}x - \int_0^1 fv\mathrm{d}x = 0,$$

即

$$a(u^*, v) = (f, v).$$

我们只需要找出使上式成立的 u^* 即可. 即如下变分问题: 在 H_0^1 找出 u 使

$$a(u,v)=(f,v),\quad \forall v\in H_0^1 \tag{9.1.9}$$

成立.

我们可以得到类似定理 9.1.1 的定理.

定理 9.1.2　设 $f\in C(I)$, $u^*\in C^2$ 是边值问题 (9.1.1), (9.1.2) 的解, 则 u^* 为 (9.1.9) 的解; 反之, 若 u^* 为变分问题 (9.1.9) 的解并满足 $u^*\in C^2$, 则 u^* 是边值问题 (9.1.1), (9.1.2) 的解.

9.2　有限元法

有限元法作为一种数值方法, 是 Ritz-Galerkin 法的一种变形. 它和传统的 Ritz-Galerkin 法的主要区别在于, 它使用样条函数方法提供了一种选取 "局部基函数" 或 "分片多项式空间" 的新技巧, 从而克服了古典 Ritz-Galerkin 法选取基函数的困难.

有限元法的关键步骤: 把边值问题转化为变分问题后, 对求解区域 Ω 做剖分, 使 Ω 成为有限个 "单元" 的和, 然后在每一个单元上作未知函数的某种多项式插值, 并使得它们在相邻单元的公共边界上满足某种连续性条件, 从而保证这种分片插值函数组成的有限维函数空间是未知函数空间 V 的子空间, 进而克服 Ritz-Galerkin 法选取基函数的固有困难.

9.2.1　Ritz-Galerkin 法

变分问题相当于一般极值问题, 但是在无穷维空间 U 上求泛函 $J(u)$ 的极小值是非常困难的. Ritz 方法的基本思想是用有限维空间近似代替无穷维空间, 将原来的变分问题转化为多元函数的极值问题, 问题的关键在于如何选取有限维子空间.

设 V_n 是 n 维子空间, $\varphi_1,\varphi_2,\cdots,\varphi_n$ 是 V_n 的一组基, 称为基函数, 那么 V_n 中任一元素 u_n 可表示为

$$u_n=\sum_{i=1}^{n}c_i\varphi_i. \tag{9.2.1}$$

Ritz 方法是选取系数 c_i, 使 $J(u_n)$ 取极小. 由于

$$\begin{aligned}J(u_n)&=\frac{1}{2}a(u_n,u_n)-(f,u_n)\\&=\frac{1}{2}\sum_{i,j=1}^{n}a(\varphi_i,\varphi_j)c_ic_j-\sum_{j=1}^{n}(f,\varphi_j)c_j\end{aligned}$$

是 $c_1, c_2, \cdots, c_n$ 的二次函数且满足 $a(\varphi_i, \varphi_j) = a(\varphi_j, \varphi_i)$, 对 $J(u_n)$ 关于 c_i 求导且

$$\frac{\partial J(u_n)}{\partial c_i} = 0, \quad i = 1, 2, \cdots, n,$$

可得 $c_1, c_2, \cdots, c_n$ 满足线性方程组

$$\sum_{i=1}^{n} a(\varphi_i, \varphi_j) c_i = \sum_{j=1}^{n} (f, \varphi_j), \quad j = 1, 2, \cdots, n, \tag{9.2.2}$$

易求出 $c_1, c_2, \cdots, c_n$, 代入式 (9.2.1), 就得到近似解 u_n, 这就是求近似解的 Ritz 方法. 用 Ritz 方法求得在空间 V_n 中的最佳 u_n, 即在 V_n 中存在 u_n 使 $J(u_n)$ 达到极小值.

Galerkin 方法也是求形如 (9.2.1) 的近似解, 但是要求系数 $c_1, c_2, \cdots, c_n$, 使 u_n 关于 $v \in V_n$ 满足 (9.1.9), 即

$$a(u_n, v) = (f, v), \quad \forall v \in V_n$$

或

$$\sum_{i=1}^{n} a(\varphi_i, \varphi_j) c_j = (f, \varphi_j), \quad j = 1, 2, \cdots, n. \tag{9.2.3}$$

这和 Ritz 方法导出的方程组 (9.2.2) 相同, 因此称 (9.2.2) 为 Ritz-Galerkin 方程组.

Ritz 法和 Galerkin 法导出的近似解 u_n 及算法一样, 但二者的基础不同, Ritz 法基于极小位能原理, 而 Galerkin 法基于虚功原理, 所以 Galerkin 法较 Ritz 法应用更广, 方法推导也更直接. 仅当 $a(u, v)$ 对称正定时, 二者才一致; 否则, 只能用 Galerkin 法, 而不能用 Ritz 法.

易知 Ritz-Galerkin 方程组 (9.2.2) 的系数矩阵

$$A = \begin{pmatrix} a(\varphi_1, \varphi_1) & a(\varphi_1, \varphi_2) & \cdots & a(\varphi_1, \varphi_n) \\ a(\varphi_2, \varphi_1) & a(\varphi_2, \varphi_2) & \cdots & a(\varphi_2, \varphi_n) \\ \vdots & \vdots & & \vdots \\ a(\varphi_n, \varphi_1) & a(\varphi_n, \varphi_2) & \cdots & a(\varphi_n, \varphi_n) \end{pmatrix}$$

是对称正定的, 故 (9.2.2) 是唯一可解的.

定理 9.2.1 设 u 是变分问题 (9.1.9) 的解, u_n 是 Ritz-Galerkin 方程 (9.2.2) 的解, 则存在与 u, n 无关的常数 $L > 0$, 使误差 $u - u_n$ 满足不等式

$$\|u - u_n\|_1 \leqslant L \inf_{v \in V_n} \|u - v\|_1 .$$

如果 $\{\varphi_i\}_1^\infty$ 的所有的线性组合在 V_n 中稠密, 则

$$\lim_{n\to\infty}\|u-u_n\|_1=0.$$

9.2.2 有限元法构造

首先, 构造 Sobolev 广义解空间, $H_E^1(I)$ 的有限维子空间 V_h. 对求解区间 $I=[0,1]$ 进行网格剖分, 节点为

$$0=x_0<x_1<\cdots<x_n=1,$$

第 i 个相邻节点之间的小区间 $I_i=[x_{i-1},x_i]$ 称为单元, 单元的长度为 $h_i=x_i-x_{i-1}$, 记 $h=\max\limits_{1\leqslant i\leqslant n}h_i$.

然后构造有限维试探函数空间. 解空间 $H_E^1(I)$ 的有限维子空间 V_h 通常是由在每一个单元上关于变量 x 的多项式, 在区间 $[0,1]$ 上连续, 在 $x=0$ 和 $x=1$ 时取值为零的全体函数构成. 这样的空间 V_h 称为试探函数空间. 最简单的是 V_h 的每一个函数在任意单元 I_i 上为线性函数. $u_h(x)\in V_h$ 为试探函数, 我们需求 $u_h(x)\in V_h$, 满足

$$a(u_h,v_h)=(f,v_h),\quad \forall v_h\in V_h.$$

假定 $u_h(x)$ 在网格节点 $x_0,x_1,\cdots,x_n$ 上的取值 $u_0=0,u_1,\cdots,u_n$ 按照分片线性插值, 可得 $u_i(x)$ 在单元 I_i 的表达式为

$$u_h(x)=\frac{x-x_{i-1}}{h_i}u_i+\frac{x_i-x}{h_i}u_{i-1},\quad x\in I_i,$$

称其为单元形状函数, 它是试探函数在单元 I_i 上的限制, 易知 V_h 是一个 n 维子空间.

对每一节点 x_i 构造山形函数:

$$\varphi_i(x)=\begin{cases}1+\dfrac{x-x_i}{h_i}, & x_{i-1}\leqslant x\leqslant x_i,\\ 1-\dfrac{x-x_i}{h_i}, & x_i\leqslant x\leqslant x_{i+1},\\ 0, & \text{其他},\end{cases}\qquad i=1,2,\cdots,n-1,$$

$$\varphi_n(x)=\begin{cases}1+\dfrac{x-x_n}{h_n}, & x_{n-1}\leqslant x\leqslant x_n,\\ 0, & \text{其他}.\end{cases}$$

显然 $\varphi_1(x),\varphi_2(x),\cdots,\varphi_n(x)$ 线性无关, 可作为基底. 则任意 $u_h(x)\in V_h$ 可表示成

$$u_h(x)=\sum_{i=1}^{n}u_h(x_i)\varphi_i(x),$$

根据 $\varphi_i(x)$ 的定义, 可知当 $x\notin[x_{i-1},x_{i+1}]$ 时, $\varphi_i(x)=0$. 问题 (9.1.1) 的双线性形式为

$$a(u,v)=\int_a^b(pu'v'+quv)\,\mathrm{d}x,$$

$$\varphi_i'(x)=\begin{cases}\dfrac{1}{h_i}, & x_{i-1}\leqslant x\leqslant x_i,\\ -\dfrac{1}{h_{i+1}}, & x_i\leqslant x\leqslant x_{i+1},\\ 0, & \text{其他},\end{cases}$$

$$\varphi_n'(x)=\begin{cases}\dfrac{1}{h_n}, & x_{n-1}\leqslant x\leqslant x_n,\\ 0, & \text{其他}.\end{cases}$$

从而 Galerkin 方程为 $a(u,v)=f(u,v)$, 即

$$\sum_{i=1}^{n}a(\varphi_i,\varphi_j)c_j=(f,\varphi_j),\quad j=1,2,\cdots,n.$$

这里取 $v=\varphi_j(x)$.

下面通过仿射变换, 使计算过程标准化

$$\xi=\frac{x-x_{i-1}}{h_i},\quad x\in I_i.$$

把单元 $I_1,I_2,\cdots,I_n$ 变成标准单元 $\hat{I}=[0,1]$. 再引入 $[0,1]$ 上的标准山形函数

$$N_0(\xi)=1-\xi,\quad N_1(\xi)=\xi,$$

这两个函数满足

(1) $\sup N_0(\xi)=[0,1],\sup N_1(\xi)=[0,1]$;

(2) $N_0(0)=1,N_0(1)=0,N_1(0)=0,N_1(1)=1$;

(3) 当自变量 $\xi\in[0,1]$ 时是线性函数.

我们称 $N_0(\xi),N_1(\xi)$ 为一维线性元在标准单元上的形状函数.

利用形状函数可以生成一维线性有限元空间 V_h 的基:

$$\varphi_i(x)=\begin{cases} N_0(\xi),\xi=\dfrac{x-x_i}{h_{i+1}}, & x_i\leqslant x\leqslant x_{i+1}, \\ N_1(\xi),\xi=1+\dfrac{x-x_i}{h_{i+1}}, & x_{i-1}\leqslant x\leqslant x_i, \\ 0, & \text{其他}, \end{cases}$$

$$\varphi_n(x)=\begin{cases} N_1(\xi),\xi=\dfrac{x-x_{n-1}}{h_n}, & x_{n-1}\leqslant x\leqslant x_n, \\ 0, & \text{其他}. \end{cases}$$

接下来计算 Ritz-Galerkin 方程组 (9.2.2) 的系数矩阵及其右端项. 由于 $\varphi_i(x)$ 只是在 (x_{i-1},x_{i+1}) 上不为零, 所以当 $|j-i|\geqslant 2$ 时,

$$\varphi_i(x)\varphi_j(x)=0,\quad \varphi_i'(x)\varphi_j'(x)=0,$$

从而

$$a(\varphi_i,\varphi_j)=0. \tag{9.2.4}$$

此外

$$\begin{aligned} a(\varphi_{i-1},\varphi_i)&=\int_0^1[p(x)\varphi_{i-1}'(x)\varphi_i'(x)+q\varphi_{i-1}(x)\varphi_i(x)]\mathrm{d}x \\ &=\int_0^1[h_i^{-1}p(x_{i-1}+h_i\xi)+h_iq(x_{i-1}+h_i\xi)(1-\xi)\xi]\mathrm{d}\xi, \end{aligned} \tag{9.2.5}$$

$$\begin{aligned} a(\varphi_i,\varphi_i)&=\int_0^1[p(x)\left(\varphi_i'(x)\right)^2+q\left(\varphi_i(x)\right)^2]\mathrm{d}x \\ &=\int_0^1[h_i^{-1}p(x_{i-1}+h_i\xi)+h_iq(x_{i-1}+h_i\xi)\xi^2]\mathrm{d}\xi \\ &\quad+\int_0^1[h_{i+1}^{-1}p(x_i+h_{i+1}\xi)+h_{i+1}q(x_i+h_{i+1}\xi)(1-\xi)^2]\mathrm{d}\xi, \end{aligned} \tag{9.2.6}$$

$$\begin{aligned} a(\varphi_{i+1},\varphi_i)&=\int_0^1[p(x)\varphi_{i+1}'(x)\varphi_i'(x)+q\varphi_{i+1}(x)\varphi_i(x)]\mathrm{d}x \\ &=\int_0^1[h_{i+1}^{-1}p(x_i+h_{i+1}\xi)+h_{i+1}q(x_i+h_{i+1}\xi)(1-\xi)\xi]\mathrm{d}\xi, \end{aligned} \tag{9.2.7}$$

方程组 (9.2.2) 的右端项为

$$
\begin{aligned}
(f,\varphi_i) &= \int_0^1 f(x)\varphi_i(x)\mathrm{d}x \\
&= h_i\int_0^1 f(x_{i-1}+h_i\xi)\xi\mathrm{d}\xi + h_{i+1}\int_0^1 f(x_i+h_{i+1}\xi)(1-\xi)\mathrm{d}\xi. \qquad (9.2.8)
\end{aligned}
$$

将 (9.2.4)—(9.2.8) 代入 (9.2.2), 得到如下有限元方程组

$$
\begin{pmatrix}
a(\varphi_1,\varphi_1) & a(\varphi_1,\varphi_2) & 0 & \cdots & 0 & 0 & 0 \\
a(\varphi_2,\varphi_1) & a(\varphi_2,\varphi_2) & a(\varphi_2,\varphi_3) & \cdots & 0 & 0 & 0 \\
\ddots & \ddots & \ddots & & \vdots & \vdots & \vdots \\
0 & 0 & 0 & \cdots & a(\varphi_{n-1},\varphi_{n-2}) & a(\varphi_{n-1},\varphi_{n-1}) & a(\varphi_{n-1},\varphi_n) \\
0 & 0 & 0 & \cdots & 0 & a(\varphi_n,\varphi_{n-1}) & a(\varphi_n,\varphi_n)
\end{pmatrix}
\begin{pmatrix} c_1 \\ c_2 \\ \vdots \\ c_{n-1} \\ c_n \end{pmatrix}
$$

$$
= \begin{pmatrix} (f,\varphi_1) \\ (f,\varphi_2) \\ \vdots \\ (f,\varphi_{n-1}) \\ (f,\varphi_n) \end{pmatrix}. \qquad (9.2.9)
$$

这是一个三对角线性方程组, 可以用追赶法求解. 由 (9.2.9) 解出 $c_1,c_2,\cdots,c_n$, 即

$$
u_n(x) = \sum_{j=1}^{n} c_j\varphi_j(x)
$$

为定解问题 (9.1.1), (9.1.2) 的有限元解.

9.3 有限元法的误差估计

上节给出了有限元的构造, 接下来对有限元解进行误差估计.

9.3.1 H^1 估计

前面给出了

$$
\|u-u_n\|_1 \leqslant L\inf_{v\in V_n}\|u-v\|_1 .
$$

在线性元中可得

$$
\|u-u_h\|_1 \leqslant L\inf_{v\in V_h}\|u-v_h\|_1 , \qquad (9.3.1)
$$

这里 u 是两点边值问题的解, u_h 是有限元解, V_h 是分段线性连续函数空间, $h=\max\limits_i h_i$. 这个不等式把对 $\|u-u_h\|_1$ 的估计变成用空间 V_h 逼近 u 这样一个逼近的问题.

在 V_h 中取 u 的逼近插值函数 u_I, 则有

$$\|u-u_h\|_1 \leqslant L\|u-u_I\|_1 . \tag{9.3.2}$$

这就变为估计 u 的插值逼近误差. 因此需要建立 H^1 空间的插值理论.

假设解 u 在 $[0,1]$ 上具有二阶连续导数. 在任一单元 $I_i=[x_{i-1},x_i]$ 内考虑

$$e(x)=u(x)-u_I(x).$$

易得 $e(x_{i-1})=e(x_i)=0$. 由 Rolle (罗尔) 中值定理知, 存在 $\xi\in I_i$, 使 $e'(\xi)=0$ 成立. 则有

$$e'(x)=\int_\xi^x e''(t)\mathrm{d}t=\int_\xi^x u''(t)\mathrm{d}t,\quad x\in I_i.$$

从而

$$|e'(x)|\leqslant\int_{x_{i-1}}^{x_i}|e'(x)|^2\,\mathrm{d}t\leqslant h_i^{1/2}\int_{x_{i-1}}^{x_i}|u''(t)|\,\mathrm{d}t.$$

可得插值误差估计为

$$\|u-u_I\|_1\leqslant Ch\|u''\|.$$

C 是与 h,u 无关的常数. 联立 (9.3.2) 即得有限元解的估计

$$\|u-u_h\|_1\leqslant Ch\|u''\|. \tag{9.3.3}$$

C 是与 h,u 无关的常数, 且其收敛阶是 1.

9.3.2 L^2 估计

接下来对 L^2 空间的有限元解进行估计, 设 z 是下列变分问题的解

$$a(v,z)=(v,u-u_h),\quad \forall v\in H_0^1. \tag{9.3.4}$$

$a(v,z)$ 是前面给出的双线性函数, 取 $v=u-u_k$, 有

$$\|u-u_h\|^2=a(u-u_h,z). \tag{9.3.5}$$

由于

$$a(u-u_h,v_h)=0,\quad \forall v_h\in V_h,$$

则 (9.3.5) 式变为

$$\|u-u_h\|^2=a(u-u_h,z-v_h). \tag{9.3.6}$$

由式 (9.3.3), 得

$$|a(u-u_h, z-v_h)| \leqslant M\|u-u_h\|_1\|z-v_h\|_1 \leqslant MCh\|u''\|\|z-v_h\|_1. \tag{9.3.7}$$

把上式代入式 (9.3.6), 得

$$\|u-u_h\|^2 \leqslant MCh\|u''\|\|z-v_h\|_1, \quad \forall v_h \in V_h.$$

两边关于 $\forall v_h \in V_h$ 取下确界, 可得

$$\|u-u_h\|^2 \leqslant MCh\|u''\|\|z-z_I\|_1,$$

这里 z_I 是 z 于 V_h 的插值. 由前面的估计得

$$\|u-u_h\|^2 \leqslant Ch^2\|u''\| \cdot \|z''\|. \tag{9.3.8}$$

由于 z 满足 (9.3.4), 从而是下面边值问题的解,

$$-\frac{\mathrm{d}}{\mathrm{d}x}\left(p\frac{\mathrm{d}z}{\mathrm{d}x}\right)+qz=u-u_h, \quad z(a)=0, \quad z'(b)=0.$$

式 (9.3.4) 中取 $v=z$, 得

$$a(z,z)=\int_a^b\left[p\left(\frac{\mathrm{d}z}{\mathrm{d}x}\right)^2+qz\right]\mathrm{d}x=\int_a^b(u-u_h)z\mathrm{d}x \tag{9.3.9}$$

且

$$a(z,z) \geqslant \gamma\|z\|_1^2 \quad (\gamma \geqslant 0),$$

$$\left|\int_a^b(u-u_h)z\mathrm{d}x\right| \leqslant \|u-u_h\| \cdot \|z\|_1.$$

联合上面式子得

$$\|z\|_1 \leqslant \frac{1}{\gamma}\|u-u_h\| \tag{9.3.10}$$

且

$$z''(x)=\frac{1}{p(x)}[-p'(x)z'(x)+qz(x)-(u-u_h)].$$

所以

$$\|z''(x)\| \leqslant \frac{1}{p_{\min}}\left[(\max|p'(x)|)\|z'(x)\|+(\max|q(x)|)\|z\|+\|u-u_h\|\right]$$

$$\leqslant \frac{a_1}{p_{\min}}\left(\|z\|_1+\|u-u_h\|\right), \tag{9.3.11}$$

其中 a_1 为常数. 将上式代入 (9.3.10), 存在常数 α, 有

$$\|z''(x)\| \leqslant \alpha\|u-u_h\|. \tag{9.3.12}$$

通过 (9.3.8) 与 (9.3.12), 可得如下估计式

$$\|u-u_h\| \leqslant c\alpha h^2\|u''(x)\|. \tag{9.3.13}$$

根据误差估计式 (9.3.3), (9.3.13) 得, 当 $h\to 0$ 时, 有限元解按范数 $\|\cdot\|_1, \|\cdot\|$ 收敛到 u, 收敛阶分别为一阶和二阶.

9.4 二 次 元

为了提高有限元法的精度, 需要通过加密网格剖分使单元最大直径 h 变小, 节点参数 $\{u_i\}$ 增加; 或者增加分段多项式的次数来增加试探函数空间 V_h 的维数.

一次元是分段一次多项式, 在每一单元 $I_i=[x_{i-1},x_i]$ 上含有两个待定系数, 自由度是 2, 由两个端点值决定. 分段二次、三次及高次多项式, 在每一单元上的自由度增加了, 可以按照两种插值法去确定它们: 一种是在单元内部增加一些插值节点的 Lagrange (拉格朗日) 型; 第二种是在节点引进高阶导数的 Hermite 型. 对任一种插值, 都要求它们在整个区间上有一定的光滑性.

在前面已经详细介绍了一次有限元的构造及应用. 高次元的单元剖分同一次元一样, 相对于一次元, 二次元在每一单元上是二次多项式, 在单元节点处连续. 二次多项式有三个待定系数, 自由度是 3, 需要给出三个插值条件, 其中一个条件是在端点处取指定值, 另一个条件是在单元中点取指定值. 这样提高了精度, 但是计算复杂性也相应增加.

9.4.1 单元插值函数

1. Lagrange 型

在 $I_i=[x_{i-1},x_i]$ 上构造二次插值函数 u_h, 使

$$u_h(x_j)=u_j,\quad j=i-1,i-\frac{1}{2},i.$$

引入变换

$$\xi=\frac{x-x_{i-1}}{h_i},\quad x\in I_i, \tag{9.4.1}$$

把单元 $[x_{i-1}, x_i]$ 变为 ξ 轴上的标准单元 $[0,1]$. 标准单元的长度为 1, 而且两个端点为 $\xi=0$ 和 $\xi=1$, 而中点 $x=x_{i-\frac{1}{2}}$ 变为 $\xi=\dfrac{1}{2}$. 在区间 $[0,1]$ 上构造二次多项式 $N_0(\xi)$, 满足插值条件

$$N_0(0)=1, \quad N_0\left(\frac{1}{2}\right)=N_0(1)=0.$$

$N_0(\xi)$ 具有如下形式

$$N_0(\xi)=2\left(\xi-\frac{1}{2}\right)(\xi-1)=(2\xi-1)(\xi-1), \tag{9.4.2}$$

消去 ξ, 得

$$\varphi_i(x)=(2h_{i+1}^{-1}|x-x_i|-1)(h_{i+1}^{-1}|x-x_i|-1), \quad x_i \leqslant x \leqslant x_{i+1}.$$

这是 $\varphi_i(x)$ 的右半部分. 若用 h_i 代替 h_{i+1}, 即得它的左半部分. 最后得

$$\varphi_i(x)=\begin{cases} (2h_i^{-1}|x-x_i|-1)(h_i^{-1}|x-x_i|-1), & x_{i-1} \leqslant x \leqslant x_i, \\ (2h_{i+1}^{-1}|x-x_i|-1)(h_{i+1}^{-1}|x-x_i|-1), & x_i \leqslant x \leqslant x_{i+1}, \\ 0, & \text{其他}. \end{cases} \tag{9.4.3}$$

然后, 构造二次多项式 $N_{\frac{1}{2}}(\xi)$, 满足插值条件

$$N_{\frac{1}{2}}(0)=N_{\frac{1}{2}}(1)=0, \quad N_{\frac{1}{2}}\left(\frac{1}{2}\right)=1.$$

易知

$$N_{\frac{1}{2}}(\xi)=4\xi(1-\xi). \tag{9.4.4}$$

$N_1(\xi)$ 满足插值条件

$$N_1(0)=N_1\left(\frac{1}{2}\right)=0, \quad N_1(1)=1.$$

易得 $N_1(\xi)$,

$$N_1(\xi)=2\left(\xi-\frac{1}{2}\right)\xi=\xi(2\xi-1). \tag{9.4.5}$$

消去 ξ, 就给出 $x_{i+\frac{1}{2}}=x_i+\dfrac{1}{2}h_{i+1}$ 相应的基函数

$$\varphi_{i+\frac{1}{2}}(x)=\begin{cases} 4h_{i+1}^{-1}(x-x_i)(1-h_{i+1}^{-1}(x-x_i)), & x_i \leqslant x \leqslant x_{i+1}, \\ 0, & \text{其他}. \end{cases} \tag{9.4.6}$$

以全部 $\varphi_i, \varphi_{i+\frac{1}{2}}$ 为基底, 张成二次元试探函数空间 V_h. $\forall u_h \in V_h$, 可得

$$u_h(\xi) = N_0(\xi)u_{i-1} + N_{\frac{1}{2}}(\xi)u_{i-\frac{1}{2}} + N_1(\xi)u_i, \quad \xi \in \hat{I}$$

或

$$u_h(\xi) = N_0\left(\frac{x - x_{i-1}}{h_i}\right)u_{i-1} + N_{\frac{1}{2}}\left(\frac{x - x_{i-1}}{h_i}\right)u_{i-\frac{1}{2}} + N_1\left(\frac{x - x_{i-1}}{h_i}\right)u_i, \quad x \in I_i,$$

这是 Lagrange 型单元插值函数.

2. Hermite 型

在 $I_i = [x_{i-1}, x_i]$ 上构造二次插值函数 u_h, 使得

$$u_h(x_j) = u_j, \quad j = i-1, i; \quad u_h'(x_j) = u_j'.$$

引进变换

$$\xi = \frac{x - x_{i-1}}{h_i}, \quad x \in I_i,$$

在区间 $[0, 1]$ 上构造二次多项式 $N_0(\xi), N_1(\xi), N_1^{(1)}(\xi)$, 满足插值条件

$$N_0(0) = 1, \quad N_0(1) = N_0'(1) = 0,$$

$$N_1(0) = 1, \quad N_1(1) = 1, \quad N_1'(1) = 0,$$

$$N_1^{(1)}(0) = N_1^{(1)}(1) = 0, \quad \frac{\mathrm{d}}{\mathrm{d}\xi}N_1^{(1)}(1) = 1,$$

易得 $N_0(\xi), N_1(\xi), N_1^{(1)}(\xi)$,

$$N_0(\xi) = (\xi - 1)^2,$$

$$N_1(\xi) = (2 - \xi),$$

$$N_1^{(1)}(\xi) = \xi(\xi - 1),$$

则

$$u_h(\xi) = N_0(\xi)u_{i-1} + N_1(\xi)u_i + N_1^{(1)}(\xi)u_i', \quad \xi \in \hat{I}.$$

注意如下关系

$$\frac{\mathrm{d}N_1^{(1)}(\xi)}{\mathrm{d}x} = \frac{\mathrm{d}N_1^{(1)}(\xi)}{\mathrm{d}\xi}\frac{\mathrm{d}\xi}{\mathrm{d}x} = \frac{1}{h_i}\frac{\mathrm{d}N_1^{(1)}(\xi)}{\mathrm{d}\xi}, \quad \xi \in I,$$

则有

$$u_h(\xi) = N_0\left(\frac{x - x_{i-1}}{h_i}\right)u_{i-1} + N_1\left(\frac{x - x_{i-1}}{h_i}\right)u_i + h_i N_1^{(1)}\left(\frac{x - x_{i-1}}{h_i}\right)u_i', \quad x \in I_i.$$

9.4.2 有限元方程的形成

下面以 Lagrange 型元为例, 从

$$a(u_h, v_h) - (f, v_h) = 0, \quad \forall v_h \in V_0^h$$

出发. 由

$$u_h(\xi) = N_0(\xi)u_{i-1} + N_{\frac{1}{2}}(\xi)u_{i-\frac{1}{2}} + N_1(\xi)u_i,$$

$$v_h(\xi) = N_0(\xi)v_{i-1} + N_{\frac{1}{2}}(\xi)v_{i-\frac{1}{2}} + N_1(\xi)v_i, \quad \xi \in \hat{I},$$

$$\begin{aligned}\frac{\mathrm{d}u_h(\xi)}{\mathrm{d}x} &= \frac{1}{h_i}\frac{\mathrm{d}u_h(\xi)}{\mathrm{d}\xi} \\ &= \frac{1}{h_i}\left[\frac{4\xi-3}{M_0}u_{i-1} + \frac{4(1-2\xi)}{M_{\frac{1}{2}}}u_{i-\frac{1}{2}} + \frac{4\xi-1}{M_1}u_i\right] \\ &= \frac{1}{h_i}\left[M_0(\xi)u_{i-1} + M_{\frac{1}{2}}(\xi)u_{i-\frac{1}{2}} + M_0(\xi)u_i\right],\end{aligned}$$

得

$$\begin{aligned}a(u_h, v_h) - (f, v_h) &= \int_a^b (pu_h'v_h' + qu_hv_h)\mathrm{d}x - \int_a^b fv_h\mathrm{d}x \\ &= \sum_{i=1}^n \int_{x_{i-1}}^{x_i} (pu_{h_i}'v_{h_i}' + qu_{h_i}v_{h_i})\mathrm{d}x - \sum_{i=1}^n \int_{x_{i-1}}^{x_i} fv_{h_i}\mathrm{d}x,\end{aligned}$$

$$a_{i-1,i-1} = \int_0^1 \left[\frac{1}{h_i}p(x_{i-1}+h_i\xi)M_0^2 + h_iq(x_{i-1}+h_i\xi)N_0^2\right]\mathrm{d}\xi,$$

$$a_{i-1,i-\frac{1}{2}} = \int_0^1 \left[\frac{1}{h_i}p(x_{i-1}+h_i\xi)M_0M_{\frac{1}{2}} + h_iq(x_{i-1}+h_i\xi)N_0N_{\frac{1}{2}}\right]\mathrm{d}\xi,$$

$$a_{i-1,i} = \int_0^1 \left[\frac{1}{h_i}p(x_{i-1}+h_i\xi)M_0M_1 + h_iq(x_{i-1}+h_i\xi)N_0N_1\right]\mathrm{d}\xi,$$

$$\begin{aligned}(f, \varphi_i) = h_i\int_0^1 f(x_{i-1}+h_i\xi)N_0\mathrm{d}\xi + h_i\int_0^1 f(x_{i-1}+h_i\xi)N_{\frac{1}{2}}\mathrm{d}\xi \\ + h_i\int_0^1 f(x_{i-1}+h_i\xi)N_1\mathrm{d}\xi.\end{aligned}$$

从而得到有限元方程.

9.5 椭圆型方程边值问题的有限元法

Poisson 方程的第一边值问题为

$$-\Delta u = f(x,y), \quad (x,y) \in \Omega, \tag{9.5.1}$$

$$u = 0, \quad (x,y) \in \Gamma, \tag{9.5.2}$$

Ω 为 $\mathbf{R}^2$ 中的有界区域, Γ 为 Ω 的边界, $f(x,y) \in C(\overline{\Omega})$.

定义线性空间

$$C^m(\Omega) = \left\{v(x,y)\,\middle|\,v(x,y) \text{ 及其直到 } m \text{ 阶偏导数为 } \Omega \text{ 上的连续函数}\right\},$$

$$C_0^m(\Omega) = \{v(x,y)\,|\,v(x,y) \in C^m(\Omega)\,, v(x,y)\,|_\Gamma = 0\},$$

则求解 (9.5.1), (9.5.2) 即寻找 $u^* \in C_0^2(\Omega)$, 使得

$$-\Delta u^* = f(x,y), \quad (x,y) \in \Omega.$$

9.5.1 变分原理

对任意的 $u \in C_0^2(\Omega), v \in C_0^1(\Omega)$, 有

$$\begin{aligned}\iint_\Omega (-\Delta u) v \mathrm{d}x\mathrm{d}y &= \iint_\Omega \left(\frac{\partial u}{\partial x}\frac{\partial v}{\partial x} + \frac{\partial u}{\partial y}\frac{\partial v}{\partial y}\right)\mathrm{d}x\mathrm{d}y - \int_\Omega \frac{\partial u}{\partial n} v \mathrm{d}s \\ &= \iint_\Omega \left(\frac{\partial u}{\partial x}\frac{\partial v}{\partial x} + \frac{\partial u}{\partial y}\frac{\partial v}{\partial y}\right)\mathrm{d}x\mathrm{d}y,\end{aligned}$$

其中 $\dfrac{\partial u}{\partial n}$ 为边界外法向导数.

令

$$H^1(\Omega) = \left\{v(x,y)\,\middle|\,v, \frac{\partial v}{\partial x}, \frac{\partial v}{\partial y} \text{ 为 } \Omega \text{ 上的平方可积函数}\right\},$$

$$H_0^1(\Omega) = \left\{v(x,y)\,\middle|\,v \in H^1(\Omega) \text{ 且 } v\,|_\Gamma = 0\right\},$$

易得 $C_0^1(\Omega) \subset H_0^1(\Omega)$. 对任意的 $u, v \in H_0^1(\Omega)$,

$$a(u,v) = \iint_\Omega \left(\frac{\partial u}{\partial x}\frac{\partial v}{\partial x} + \frac{\partial u}{\partial y}\frac{\partial v}{\partial y}\right)\mathrm{d}x\mathrm{d}y, \quad (f,v) = \iint_\Omega f v \mathrm{d}x\mathrm{d}y,$$

$$J(u) = \frac{1}{2}a(u,u) - (f,u).$$

接下来考虑 (9.5.1), (9.5.2) 对应的变分问题: 求 $u^* \in H_0^1(\Omega)$, 使得

$$J(u^*) = \min_{u \in H_0^1(\Omega)} J(u). \tag{9.5.3}$$

引理 9.5.1 设 $f(x,y) \in C(\Omega)$, 且满足

$$\iint_\Omega f(x,y)\varphi(x,y)\mathrm{d}x\mathrm{d}y = 0, \quad \forall \varphi \in C_0^1(\Omega),$$

则 $f(x,y) \equiv 0$.

类似于定理 9.1.2 可得到下述定理.

定理 9.5.1 设 $u^* \in C_0^2(\Omega)$ 是边值问题 (9.5.1), (9.5.2) 的解, 则 u^* 为变分问题 (9.5.3) 的解; 反之, 若 u^* 为变分问题 (9.5.3) 的解, 且 $u^* \in C_0^2(\Omega)$, 则 u^* 是边值问题 (9.5.1), (9.5.2) 的解.

$J(u)$ 在物理学中表示能量, 故我们称定理 9.5.1 为极小位能原理. 微分方程定解问题 (9.5.1), (9.5.2) 的解属于 $C_0^2(\Omega)$, 而变分问题 (9.5.3) 的解只要属于 $H_0^1(\Omega)$. 我们把变分问题 (9.5.3) 的解称为微分方程定解问题 (9.5.1), (9.5.2) 的广义解.

假设 u^* 是定解问题 (9.5.1), (9.5.2) 的解, $v \in H_0^1(\Omega)$ 乘 (9.5.1) 的两端, 并在 Ω 上积分, 可得

$$\iint_\Omega (-\Delta u_* - f)v\mathrm{d}x\mathrm{d}y = 0.$$

利用 Green 公式, 可得

$$\iint_\Omega \left(\frac{\partial u_*}{\partial x}\frac{\partial v}{\partial x} + \frac{\partial u_*}{\partial y}\frac{\partial v}{\partial y}\right)\mathrm{d}x\mathrm{d}y - \int_\Omega \frac{\partial u_*}{\partial n} v\mathrm{d}s - \iint_\Omega fv\mathrm{d}x\mathrm{d}y = 0.$$

因为 $v|_\Gamma = 0$, 则有

$$a(u_*, v) - (f, v) = 0.$$

对如下变分问题: 求 $u \in H_0^1(\Omega)$, 满足

$$a(u,v) = (f,v), \quad \forall v \in H_0^1(\Omega). \tag{9.5.4}$$

类似于定理 9.5.1 可得到下述定理.

定理 9.5.2 设 $u^* \in C_0^2(\Omega)$ 是边值问题 (9.5.1), (9.5.2) 的解, 则 u^* 为变分问题 (9.5.4) 的解; 反之, 若 u^* 为变分问题 (9.5.4) 的解, 且 $u^* \in C_0^2(\Omega)$, 则 u^* 是边值问题 (9.5.1), (9.5.2) 的解.

9.5.2 Ritz-Galerkin 方法

设 V_n 是 $H_0^1(\Omega)$ 的 n 维试探函数空间, $\alpha_1(x,y),\alpha_2(x,y),\cdots,\alpha_n(x,y)$ 是 V_n 的一组基, 则 V_n 中任一元素可写成

$$u_n=\sum_{j=1}^{n}c_j\alpha_j.$$

Ritz 方法是求使得 $J(u_n)$ 取到最小值的 $c_1,c_2,\cdots,c_n$. Galerkin 方法是求 u_n, 使得

$$a(u_n,v)=(f,v),\quad \forall v\in V_n.$$

类似于 9.2 节的讨论, 两种方法最终归结为解下列 Ritz-Galerkin 方程组

$$\sum_{j=1}^{n}c_ja(\alpha_i,\alpha_j)=(f,\alpha_i),\quad i=1,2,\cdots,n.$$

9.5.3 有限元法

用有限元法解二维问题, 做三角剖分是比较简单而且应用普遍的. 在每个三角形单元上用线性插值.

1. 单元剖分

设 Ω 的边界 Γ 分片光滑, 如果 Γ 不是由折线段组成的, 那么就用合适的折线 Γ_h 逼近它. 设 Γ_h 所围的区域是 Ω_h. 即用 Γ_h 近似 Γ, 用 Ω_h 近似 Ω. 然后把 Ω_h 剖分为一系列三角形的并集. 三角形的顶点称为节点, 记为 P_i, 其坐标为 (x_i,y_i), 每一个三角形称为单元, 记为 I_i.

剖分时如下几点需注意:

(1) 区域 Ω_h 被分割成有限个互不重叠的三角形 $I_i,i=1,2,\cdots,N$. 这里 I_i 是包括三条边的闭三角形. $\mathring{I}_i$ 表示 I_i 的内点全体所构成的集合.

(2) 任意一个三角形单元 I_i 的顶点都不能是某个其他三角形单元 I_j 的内点或除了顶点以外的边界点.

(3) 用 h_{I_i} 表示单元 I_i 的直径 (即外接圆的直径), ρ_{I_i} 表示单元 I_i 的内切圆的直径. 记

$$h=\max_{1\leqslant i\leqslant N}h_{I_i},$$

h 是单元的最大直径. 剖分无论如何细化 $(h\to 0)$, 总有

$$\max_{1\leqslant i\leqslant N}\frac{h_{I_i}}{\rho_{I_i}}\leqslant\sigma\quad(\sigma\text{是一正常数}).$$

这个条件等价于任何一个单元 I_i 中的最小角 θ_i 都必须大于某一个正常数, 即存在正常数 θ, 无论如何细化, 总有

$$\theta_i \geqslant \theta, \quad 1 \leqslant i \leqslant N.$$

(4) 任何一个单元 $I_i(1 \leqslant i \leqslant N)$ 的三个顶点至多只能有两点落在 Γ_h 上. 否则, 我们用 $\Omega_h \backslash I_i$ 代替 Ω_h.

我们用 e 泛指任一三角形单元, 现将所有单元 e 的顶点全体分成两类: 落在 Γ_h 上的为边界节点, 设有 m 个; 其余的顶点称为内部节点, 设有 n 个. 将所有的节点作如下编号

$$\underbrace{P_1, P_2, \cdots, P_n}_{\text{内部节点}}, \underbrace{P_{n+1}, P_{n+2}, \cdots, P_{n+m}}_{\text{边界节点}}.$$

再将所有单元分成两类: 有一条边落在 Γ_h 上的单元 I_i 称为边界单元, 设有 m 个; 其余单元称为内部单元, 设有 n 个. 将所有的单元作如下编号:

$$\underbrace{I_1, I_2, \cdots, I_n}_{\text{内部单元}}, \underbrace{I_{n+1}, I_{n+2}, \cdots, I_{n+m}}_{\text{边界单元}}.$$

设 P_i 为某一内部节点, 以 P_i 为顶点的所有三角形单元 e 的并集记为 A_i, 即

$$A_i = \{e \,|P_i \in e\},$$

如果 $P_j \in A_i$ 且 $j \neq i$, 则称 P_j 为 P_i 的邻点.

2. 有限元空间的构造

在上述剖分的基础上, 构造 $H_0^1(\Omega)$ 的有限维子空间. 令

$$V_h = \left\{v_h \mid v_h \text{ 在 } \bar{\Omega} \text{ 上连续}, v_h \text{ 在任一单元 } e \text{ 上为线性函数}, \ v_h|_{\Gamma_h=0}\right\}.$$

易知, 对于任意的 $v_h \in V_h$, v_h 在每个单元 e 上的几何图形是一个平面上对应于 e 的部分, 它由 v_h 在 e 的三个顶点的函数值唯一确定, 而整个 v_h 在 Ω 上的图形就是由这样的三角形平面块拼接起来的. 只要给定 v_h 在 n 个内节点上的值, 则 v_h 就唯一确定, 因而 V_h 是一个 n 维线性空间. 此外, 任给 $v_h \in V_h$, 有 $v_h \in H_0^1(\Omega)$. 因而 V_h 是 $H_0^1(\Omega)$ 的一个 n 维子空间.

设 e 是以 P_i, P_j, P_k 为顶点的三角形单元, $P(x,y)$ 是 e 中任意一点. 不妨设 P_i, P_j, P_k 是逆时针方向.

易得

$$v_h(x,y) = v_h(P_i)N_i(x,y) + v_h(P_j)N_j(x,y) + v_h(P_k)N_k(x,y), \quad (x,y) \in e,$$

其中

$$N_i(x,y) = \frac{\begin{vmatrix} x & y & 1 \\ x_j & y_j & 1 \\ x_k & y_k & 1 \end{vmatrix}}{\begin{vmatrix} x_i & y_i & 1 \\ x_j & y_j & 1 \\ x_k & y_k & 1 \end{vmatrix}}, \quad N_j(x,y) = \frac{\begin{vmatrix} x_i & y_i & 1 \\ x & y & 1 \\ x_k & y_k & 1 \end{vmatrix}}{\begin{vmatrix} x_i & y_i & 1 \\ x_j & y_j & 1 \\ x_k & y_k & 1 \end{vmatrix}},$$

$$N_k(x,y) = \frac{\begin{vmatrix} x_i & y_i & 1 \\ x_j & y_j & 1 \\ x & y & 1 \end{vmatrix}}{\begin{vmatrix} x_i & y_i & 1 \\ x_j & y_j & 1 \\ x_k & y_k & 1 \end{vmatrix}}.$$

$\triangle PP_jP_k, \triangle P_iPP_k, \triangle P_iP_jP$ 的面积分别为

$$s_i = \frac{1}{2}\begin{vmatrix} x & y & 1 \\ x_j & y_j & 1 \\ x_k & y_k & 1 \end{vmatrix}, \quad s_j = \frac{1}{2}\begin{vmatrix} x_i & y_i & 1 \\ x & y & 1 \\ x_k & y_k & 1 \end{vmatrix}, \quad s_k = \frac{1}{2}\begin{vmatrix} x_i & y_i & 1 \\ x_j & y_j & 1 \\ x & y & 1 \end{vmatrix},$$

而 $\triangle P_iP_jP_k$ 的面积为

$$s = \frac{1}{2}\begin{vmatrix} x_i & y_i & 1 \\ x_j & y_j & 1 \\ x_k & y_k & 1 \end{vmatrix}.$$

$N_i(x,y), N_j(x,y), N_k(x,y)$ 可写为

$$N_i(x,y) = \frac{s_i}{s}, \quad N_j(x,y) = \frac{s_j}{s}, \quad N_k(x,y) = \frac{s_k}{s}.$$

当 P 点位置确定后, N_i, N_j, N_k 就唯一确定了, 且满足

$$0 \leqslant N_i, N_j, N_k \leqslant 1, \quad N_i + N_j + N_k = 1. \tag{9.5.5}$$

反之, 任取一组数 N_i, N_j 和 N_k 满足 (9.5.5), 则可确定三角单元 $\triangle P_iP_jP_k$ 中唯一一点 P. 我们将 (N_i, N_j, N_k) 称为点 P 的面积坐标.

3. 有限元空间的基函数

在 V_h 中选取函数 $\alpha_1(x,y), \alpha_2(x,y), \cdots, \alpha_n(x,y)$ 要求满足

$$\alpha_i(P_j) = \delta_{ij}, \quad 1 \leqslant i, j \leqslant n.$$

$\alpha_i(x,y)$ 是以 A_i 为底, 高为 1 的立体. 当 $(x,y) \notin A_i$ 时, $\alpha_i(x,y) = 0$. 我们称 $\alpha_i(x,y)$ 具有局部非零性. 易得 $\alpha_1(x,y), \alpha_2(x,y), \cdots, \alpha_n(x,y)$ 是线性无关的. 对任意 $v_h \in V_h$, 有

$$v_h(x,y) = \sum_{i=1}^{n} v_h(P_i) a_i(x,y).$$

4. 有限元方程

我们构造试探函数空间 V_h, 而且选取 $\alpha_1(x,y), \alpha_2(x,y), \cdots, \alpha_n(x,y)$ 为基函数, 则变分问题 (9.5.3) 或 (9.5.4) 可以近似为以下问题

$$\sum_{j=1}^{n} c_j a(\alpha_i, \alpha_j) = (f, \alpha_i), \quad i = 1, 2, \cdots, n, \tag{9.5.6}$$

其中

$$a(\alpha_i, \alpha_j) = \iint_{A_i \cap A_j} \left(\frac{\partial \alpha_i}{\partial x} \frac{\partial \alpha_j}{\partial x} + \frac{\partial \alpha_i}{\partial y} \frac{\partial \alpha_j}{\partial y} \right) \mathrm{d}x\mathrm{d}y,$$

$$(f, \alpha_i) = \iint_{A_i} f \alpha_i \mathrm{d}x\mathrm{d}y.$$

当 $P_j \notin A_i$ 时, $A_i \cap A_j = \varnothing, a(\varphi_i, \varphi_j) = 0$. 设 P_i 有 m_i 个邻点, 则 (9.5.6) 的系数矩阵第 i 行元素中至多有 $m_i + 1$ 个非零元素. 此外, 在 P_i, P_j 和 P_k 三点组成的三角形 $\triangle P_iP_jP_k$ 上

$$a_i(x,y) = \frac{\begin{vmatrix} x & y & 1 \\ x_j & y_j & 1 \\ x_k & y_k & 1 \end{vmatrix}}{\begin{vmatrix} x_i & y_i & 1 \\ x_j & y_j & 1 \\ x_k & y_k & 1 \end{vmatrix}}, \quad \frac{\partial a_i(x,y)}{\partial x} = \frac{y_j - y_k}{2s}, \quad \frac{\partial a_i(x,y)}{\partial y} = \frac{x_k - x_j}{2s}.$$

求解 (9.5.6) 得到 $c_1, c_2, \cdots, c_n$. 即得边值问题 (9.5.1), (9.5.2) 的有限元解为

$$u_n(x,y) = \sum_{i=1}^{n} c_i a_i(x,y).$$

9.6 抛物型方程初边值问题的有限元法

前面介绍了求解椭圆型方程边值问题的有限元法. 本节主要介绍抛物型方程初边值问题的有限元法.

考虑如下抛物型方程定解问题:

$$\frac{\partial u}{\partial t} - \Delta u = f(x,y,t), \quad (x,y,t) \in \Omega \times (0,T], \tag{9.6.1}$$

$$u(x,y,0) = \varphi(x,y), \quad (x,y) \in \overline{\Omega}, \tag{9.6.2}$$

$$u(x,y,t) = 0, \quad (x,y,t) \in \Gamma \times (0,T], \tag{9.6.3}$$

其中 Ω 为 $\mathbf{R}^2$ 中的有界区域, Γ 为 Ω 的边界, $f(x,y,t) \in C(\overline{\Omega} \times [0,T])$. 在求解抛物型方程时, 有限元法把未知函数 $u(x,y,t)$ 中的空间变量 (x,y) 与时间变量 t 分开处理. 先对空间变量 (x,y) 离散 (半离散方法), 其过程与求解椭圆型方程一样; 然后对时间变量 t 离散 (全离散方法), 其过程与差分方程方法类似, 从而得到一系列线性方程组. 逐个求解这些线性方程组就得到有限元解.

设 $v \in H_0^1(\Omega)$, 用 v 乘以 (9.6.1) 的两端后在 Ω 上积分, 得

$$\iint_\Omega \frac{\partial u}{\partial t} v \mathrm{d}x\mathrm{d}y - \iint_\Omega (\Delta u) v \mathrm{d}x\mathrm{d}y = \iint_\Omega f v \mathrm{d}x\mathrm{d}y.$$

利用 Green 公式, 得

$$\frac{\mathrm{d}}{\mathrm{d}t} \iint_\Omega uv \mathrm{d}x\mathrm{d}y + \iint_\Omega \left(\frac{\partial u}{\partial x}\frac{\partial v}{\partial x} + \frac{\partial u}{\partial y}\frac{\partial v}{\partial y} \right) \mathrm{d}x\mathrm{d}y = \iint_\Omega f v \mathrm{d}x\mathrm{d}y,$$

$$\forall v \in H_0^1(\Omega), \quad t \in (0,T],$$

即

$$\frac{\mathrm{d}}{\mathrm{d}t}(u,v) + a(u,v) = (f,v), \quad \forall v \in H_0^1(\Omega), \quad t \in (0,T], \tag{9.6.4}$$

其中

$$(u,v) = \iint_\Omega u(x,y,t) v(x,y) \mathrm{d}x\mathrm{d}y, \quad (f,v) = \iint_\Omega f(x,y,t) v(x,y) \mathrm{d}x\mathrm{d}y,$$

$$a(u,v)=\iint_{\Omega}\left(\frac{\partial u(x,y,t)}{\partial x}\frac{\partial v(x,y)}{\partial x}+\frac{\partial u(x,y,t)}{\partial y}\frac{\partial v(x,y)}{\partial y}\right)\mathrm{d}x\mathrm{d}y.$$

称 (9.6.4) 和 (9.6.2) 为定解问题 (9.6.1)—(9.6.3) 的变分问题. 如果有函数 $u(x,y,t)$, 对任意 $t\in(0,T]$, 均属于 $H_0^1(\Omega)$, 而且满足 (9.6.4) 和 (9.6.2), 则称 $u(x,y,t)$ 为定解问题 (9.6.1)—(9.6.3) 的广义解.

首先给出 (9.6.4) 和 (9.6.2) 的半离散方法.

设 V_n 是 $H_0^1(\Omega)$ 试探函数空间, $\alpha_1(x,y),\alpha_2(x,y),\cdots,\alpha_n(x,y)$ 是 V_n 的一组基. 求 $u_h(\cdot,\cdot,t)\in V_h,t\in[0,T]$, 满足

$$\frac{\mathrm{d}}{\mathrm{d}t}(u_h,v_h)+a(u_h,v_h)=(f,v_h),\quad \forall v_h\in V_h,\quad t\in(0,T],\tag{9.6.5}$$

$$\iint_{\Omega}\left[u_h(x,y,0)-u(x,y,0)\right]v_h\mathrm{d}x\mathrm{d}y=0,\quad \forall v_h\in V_h.\tag{9.6.6}$$

令

$$u_h(x,y,t)=\sum_{j=1}^{n}a_j(t)\alpha_j(x,y),$$

则 (9.6.5), (9.6.6) 等价于

$$\sum_{j=1}^{n}(\alpha_i,\alpha_j)\frac{\mathrm{d}\beta_j(t)}{\mathrm{d}t}+\sum_{j=1}^{n}a(\alpha_i,\alpha_j)\beta_j(t)=(f,\alpha_i),\quad 1\leqslant i\leqslant n,\tag{9.6.7}$$

$$\sum_{j=1}^{n}(\alpha_i,\alpha_j)\beta_j(0)=(\varphi,\alpha_i),\quad 1\leqslant i\leqslant n,\tag{9.6.8}$$

(9.6.5) 和 (9.6.6) 是一个关于 $\{\beta_j(t),1\leqslant j\leqslant n\}$ 的线性常微分方程组.

设 (9.6.8) 的解为

$$\beta_j(0)=c_j,\quad 1\leqslant j\leqslant n.$$

记

$$\beta(t)=\begin{pmatrix}\beta_1(t)\\ \beta_2(t)\\ \vdots\\ \beta_n(t)\end{pmatrix},\quad f(t)=\begin{pmatrix}(f,a_1)\\ (f,a_2)\\ \vdots\\ (f,a_n)\end{pmatrix},\quad c=\begin{pmatrix}c_1\\ c_2\\ \vdots\\ c_n\end{pmatrix},$$

$$M = \begin{pmatrix} (\alpha_1,\alpha_1) & (\alpha_1,\alpha_2) & \cdots & (\alpha_1,\alpha_n) \\ (\alpha_2,\alpha_1) & (\alpha_2,\alpha_2) & \cdots & (\alpha_2,\alpha_n) \\ \vdots & \vdots & & \vdots \\ (\alpha_n,\alpha_1) & (\alpha_n,\alpha_2) & \cdots & (\alpha_n,\alpha_n) \end{pmatrix},$$

$$N = \begin{pmatrix} a(\alpha_1,\alpha_1) & a(\alpha_1,\alpha_2) & \cdots & a(\alpha_1,\alpha_n) \\ a(\alpha_2,\alpha_1) & a(\alpha_2,\alpha_2) & \cdots & a(\alpha_2,\alpha_n) \\ \vdots & \vdots & & \vdots \\ a(\alpha_n,\alpha_1) & a(\alpha_n,\alpha_2) & \cdots & a(\alpha_n,\alpha_n) \end{pmatrix},$$

式 (9.6.7) 和 (9.6.8) 可写为

$$M\frac{\mathrm{d}\beta}{\mathrm{d}t} + N\beta = f, \quad 0 \leqslant t \leqslant T, \tag{9.6.9}$$

$$\beta(0) = c. \tag{9.6.10}$$

求解常微分方程组 (9.6.9), (9.6.10) 便得 $\alpha(t), 0 \leqslant t \leqslant T$.

其次讨论对时间变量的离散, 即全离散方法.

取正整数 K, 并令

$$t_k = k\tau, \quad 0 \leqslant k \leqslant K,$$

其中 $\tau = T/K$. 对 (9.6.9), (9.6.10) 建立如下格式:

$$M\frac{\beta^{k+1} - \beta^k}{\tau t} + N(\theta\beta^{k+1} + (1-\theta)\beta^k) = f(\theta t_{k+1} + (1-\theta)t_k), \quad 0 \leqslant k \leqslant K-1,$$

$$\beta^0 = c.$$

对 $k = 0, 1, \cdots, K-1$, 每一步只需要解一个线性代数方程组

$$(M + \tau\theta N)\beta^{k+1} = (M - \tau(1-\theta)N)\beta^k + \tau f(\theta t_{k+1} + (1-\theta)t_k).$$

实际应用中通常 θ 取为以下一些值: $\theta = 0$, 称为向前 Euler 全离散格式; $\theta = 1/2$, 称为 Grank-Nicolson 全离散格式; $\theta = 1$, 称为向后 Euler 全离散格式.

数值模拟

用有限元法求解下面边值问题

$$-u'' + \frac{\pi^2}{4}u = 2\sin\frac{\pi}{2}x, \quad 0 < x < 1,$$

$$u(0) = 0, \quad u'(1) = 0.$$

所要求解的问题是两点边值问题的二阶常微分方程, 而且是非齐次方程. 理论上来说是可以通过先求方程的两个基本解, 再通过常系数变易法得到非齐次方程的通解, 最后代入边值条件便得到所要求的特解. 而现在通过变分法在有限维空间得到其数值解, 从而避免像求理论解那样为求表达式而进行复杂的积分运算, 而且有些积分是暂时无法用解析式来表达的, 最终还是通过数值方法来解决. 解题步骤如下.

步骤 1: 对于上述边值问题相应的变分形式为

$$a(u,v)=\int_0^1 2\sin\frac{\pi}{2}v\mathrm{d}x,$$

$$(f,v)=\int_0^1\left(\frac{\mathrm{d}u}{\mathrm{d}v}\frac{\mathrm{d}v}{\mathrm{d}x}+\frac{\pi^2}{4}uv\right)\mathrm{d}x.$$

步骤 2: 对区间 $(0,1)$ 进行等长剖分, 设剖分点 $x_0,x_1,\cdots,x_N$, 包括两个端点个数为 $N+1$ 个, 步长为 h.

步骤 3: 为每个剖分点选取线性插值函数作为基函数, 即

$$\varphi_i(x)=\begin{cases}\dfrac{x-x_{i-1}}{h}, & x_{i-1}\leqslant x\leqslant x_i,\\ \dfrac{x-x_{i-1}}{h}, & x_i\leqslant x\leqslant x_{i+1},\\ 0, & 其他,\end{cases}\qquad i=1,2,\cdots,N-1,$$

$$\varphi_N(x)=\begin{cases}\dfrac{x-x_N}{h_i}, & x_{N-1}\leqslant x\leqslant x_N,\\ 0, & 其他.\end{cases}$$

步骤 4: 由基函数计算刚度矩阵元素 $a(\varphi_i,\varphi_j)$ 和非齐次项系数 (f,φ_j).

步骤 5: 解有限元方程组

$$\sum_{i=1}^{n}a(\varphi_i,\varphi_j)u_i=(f,\varphi_j),\quad j=1,2,\cdots,N.$$

表 9.1 给出 $N=10$ 时, 方程的精确解、数值解以及相应的误差.

表 9.1　$N=10$

自变量	精确解	数值解	误差
0	0	0	0
0.1	0.0577	0.0577	0.0434e-003
0.2	0.1142	0.1143	0.0857e-003
0.3	0.1684	0.1685	0.1258e-003
0.4	0.2191	0.2193	0.1626e-003
0.5	0.2654	0.2656	0.1951e-003
0.6	0.3063	0.3065	0.2224e-003
0.7	0.3409	0.3412	0.2437e-003
0.8	0.3687	0.3689	0.2581e-003
0.9	0.3889	0.3891	0.2651e-003
1	0.4012	0.4014	0.2639e-003

当网格数 $N=10$ 时, 精确解与数值解的对比图如图 9.1 所示.

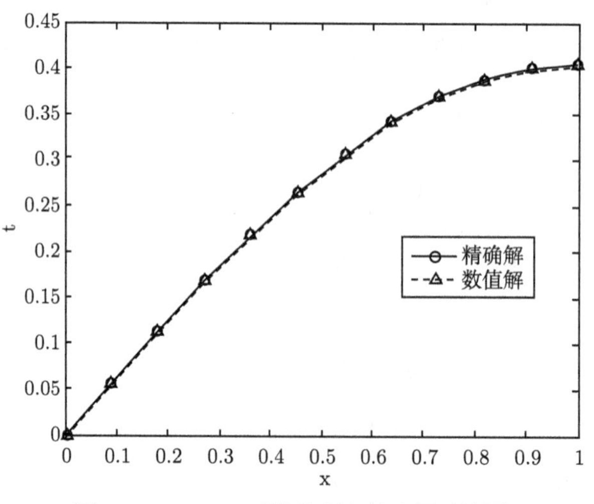

图 9.1　$N=10$ 时数值解与精确解对比图

当网格数 $N=100$ 时, 精确解与数值解的对比图如图 9.2 所示.

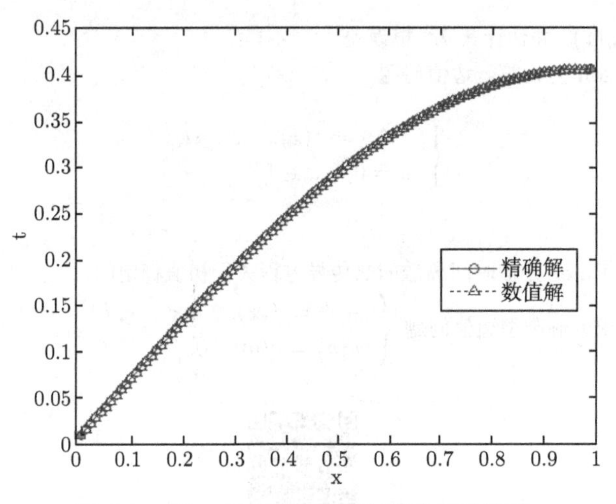

图 9.2 $N=100$ 时数值解与精确解对比图

结论 由结果来看当 $N=10$ 时最大误差数量级为 10^{-5}, 由上面的图形可以直观地看出, 方程的数值解是非常接近于精确解的.

习 题 9

1. 根据一阶广义导数定义，推出 $f(x)$ 的 k 阶广义导数.

2. 试建立与非齐次边值问题

$$\begin{cases} -\dfrac{\mathrm{d}}{\mathrm{d}x}\left(p\dfrac{\mathrm{d}u}{\mathrm{d}x}\right)+qu=f, \quad a<x<b, \\ u(a)=\alpha, \quad u'(b)=\beta \end{cases}$$

等价的变分问题.

3. 用 Ritz-Galerkin 方法求解边值问题

$$\begin{cases} -u''-u=x, \quad 0<x<1, \\ u(0)=u(1)=0. \end{cases}$$

4. 用 Ritz-Galerkin 方法求解边值问题

$$\begin{cases} -u''=\cos x, \quad 0<x<\pi, \\ u(0)=u(\pi)=0 \end{cases}$$

的第 n 次近似 $u_n(x)$，基函数为 $\varphi_i(x)=\sin(ix), i=1,2,\cdots,n$.

5. 用 Ritz-Galerkin 方法求解边值问题

$$\begin{cases} -u''-u=x, \quad 0<x<1, \\ u(0)=u(1)=0 \end{cases}$$

的第 n 次近似 $u_n(x)$. 并估计其 L^2 模误差.

6. 给出 Poisson 方程第一边值问题

$$\begin{cases} -\Delta u = f(x), & x \in \Omega, \\ u = 0, & x \in \Gamma \end{cases}$$

的收敛阶估计.

7. 证明隐式 Euler 方法时间离散的热传导方程关于初值稳定的.

8. 用有限元求解椭圆型边值问题 $\begin{cases} -u'' = f(x), & a < x < b, \\ u(a) = u(b) = 0. \end{cases}$

第9章电子课件

参 考 文 献

谷超豪, 李大潜, 陈恕行, 等. 2010. 数学物理方程. 2 版. 北京: 高等教育出版社.

郭柏灵, 蒲学科, 黄凤辉. 2011. 分数阶偏微分方程及其数值解. 北京: 科学出版社.

胡建伟, 汤怀民. 1999. 微分方程数值方法. 北京: 科学出版社.

华丽妍, 刘萍, 王玉文. 2011. 三维水污染模型的稳态解. 哈尔滨师范大学自然科学学报, 27(5): 5-7.

黄振侃. 2006. 数值计算: 微分方程数值解. 北京: 北京工业大学出版社.

江泽坚, 孙善利. 1994. 泛函分析. 北京: 高等教育出版社.

李芳. 2012. 西安市大气颗粒物 PM2.5 污染特征及其与降水关系研究. 西安: 西安建筑大学.

李荣华. 2005a. 边值问题的 Galerkin 有限元法. 北京: 科学出版社.

李荣华. 2005b. 偏微分方程数值解法. 北京: 高等教育出版社.

李荣华, 刘播. 2009. 微分方程数值解法. 4 版. 北京: 高等教育出版社.

李婷, 刘萍, 史俊平, 等. 2009. 一类基于一阶传递偏微分方程的水污染模型. 哈尔滨师范大学自然科学学报, 25(1): 4-6.

林群. 2003. 微分方程数值解法基础教程. 2 版. 北京: 科学出版社.

刘发旺, 庄平辉, 刘青霞. 2015. 分数阶偏微分方程数值方法及其应用. 北京: 科学出版社.

刘卫国. 2011. MATLAB 程序设计与应用. 2 版. 北京: 高等教育出版社: 104-105.

陆金甫, 关治. 2004. 偏微分方程数值解法. 2 版. 北京: 清华大学出版社.

孙志忠. 2012. 偏微分方程数值解法. 2 版. 北京: 科学出版社.

向新民. 2000. 谱方法的数值分析. 北京: 科学出版社: 48-49.

叶冬芬, 叶桥龙, 罗玮琛. 2012. 基于高斯扩散模型的化工危险品泄露区域计算及其实现. 计算机与应用化学, 29(2): 195-199.

张文生. 2006. 科学计算中的偏微分方程有限差分法. 北京: 高等教育出版社.

Ciarlet P G. 1978a. 有限元素法的数值分析. 蒋尔雄, 等译. 上海: 上海科学技术出版社.

Ciarlet P G. 1978b. The Finite Element Method for Elliptic Problems. Amsterdam, New York, Oxford: North-Holland.

Chen C, Liu F, Burrage K. 2008. Finite difference methods and a Fourier analysis for the fractional reaction-subdiffusion equation. Applied Mathematics and Computation, 198(2): 754-769.

Diethelm K. 1997a. An algorithm for the numerical solution of differential equations of fractional order. Electron. Trans. Numer. Anal., 5: 1-6.

Diethelm K. 1997b. Generalized compound quadrature formulae for finite-part integrals. IMA J. Numer. Anal., 17(3): 479-493.

Diethelm K. 1997c. Numerical approximation of finite-part integrals with generalized compound quadrature formula. IMA J. Numer. Anal., 17: 479-493.

Diethelm K, Ford N J. 2002. Analysis of fractional differential equations. Journal of Mathematical Analysis and Applications, 265(2): 229-248.

Diethelm K, Ford N, Freed A. 2004. Detailed error analysis for a fractional Adams method. Numerical Algorithms, 36(1): 31-52.

Diethelm K, Freed A. 1999. On the Solution of Nonlinear Fractional-Order Differential Equations Used in the Modelling of Viscoplasticity. Berlin: Springer: 217-224.

Diethelm K, Walz G. 1997. Numerical solution of fractional order differential equations by extrapolation. Numer. Algorit., 16(3-4): 231-253.

Ervin V J, Roop J P. 2010. Variational solution of the fractional advection dispersion equation on bounded domains in R^2. Numer. Methods Partial Differential Equations, 23(2): 256-281.

Hairer E, Lubich C, Schlichte M. 1985. Fast numerical solution of nonlinear Volterra convolution equations. SIAM J. Sci. Statist. Comput., 6(3): 532-541.

Langlands T A M, Henry B I. 2005. The accuracy and stability of an implicit solution method for the fractional diffusion equation. J. Comput. Phys., 205(2): 719-736.

Lubich C. 1986. Discretized fractional calculus. SIAM J. Math. Anal., 17(3): 704-719.

Meerschaert M M, Scheffler H P, Tadjeran C. 2006. Finite difference methods for two-dimensional fractional dispersion equation. J. Comp. Phy., 211(1): 249-261.

Meerschaert M M, Tadjeran C. 2004. Finite difference approximations for fractional devection-dispersion flow equation. J. Comput. Appl. Math., 2: 65-77.

Odibat Z, Momani S. 2008. Numerical methods for nonlinear partial differential equations of fractional order. Appl. Math. Model., 32: 28-39.

Oldham K B, Spanier J. 1974. Fractional Calculus: Theory and Applications of Differentiation and Integration to Arbitrary Order. Pittsburg: Academic Press.

Podlubny I. 1999. Fractional Differential Equations: An Introduction to Fractional Derivatives, Fractional Differential Equations, to Methods of Their Solution and Some of Their Applications. New York: Academic Press.

Shen J, Tang T. 2006. Spectral and High-Order Methods with Applications. Beijing: Science Press.

Shen S, Liu F. 2003. Numerical solution of the space fractional Fokker-Planck equation. J. Comput. Appl. Math., 166(1): 209-219.

Shkhanukov M K. 1996. On the convergence of difference schemes for differential equations with a fractional derivative. Doklady Mathematics, 53(3).

Sousa E. 2009. Finite difference approximations for a fractional advection diffusion problem. J. Comput. Phys., 228(11): 4038-4054.

Su L, Wang W, Xu Q. 2010. Finite difference methods for fractional dispersion equations. Appl. Math. Comput., 216(11): 3329-3334.

Weilbee M. 2005. Efficient Numerical Methods for Fractional Differential Equations and Their Analysis Background. Braunschweig: Technical University of Braunschweig.

Yuste S B, Acedo L. 2005. An explicit finite difference method and a new von neumanntype stability analysis for fractional diffusion equations. SIAM J. Numer. Anal., 42(5): 1862-1874.

全书代码